网络信息安全基础概述

张健鹏 著

中国商务出版社
CHINA COMMERCE AND TRADE PRESS

图书在版编目（CIP）数据

网络信息安全基础概述 / 张健鹏著 . -- 北京：中
国商务出版社 ,2021.3（2023.1重印）

ISBN 978-7-5103-3750-5

Ⅰ.①网… Ⅱ.①张… Ⅲ.①计算机网络－信息安全
－研究 Ⅳ .① TP393.08

中国版本图书馆 CIP 数据核字 (2021) 第 041239 号

网络信息安全基础概述
WANGLUO XINXI ANQUAN JICHU GAISHU

张健鹏　著

出　　　版：	中国商务出版社
地　　　址：	北京市东城区安外东后巷 28 号　　邮　编：100710
责任部门：	商务事业部（010-64255862　cctpswb@163.com）
责任编辑：	刘文捷
直销客服：	010-64255862
传　　　真：	010-64255862
总 发 行：	中国商务出版社发行部（010-64208388　64515150）
网购零售：	中国商务出版社淘宝店（010-64286917）
网　　　址：	http://www.cctpress.com
网　　　店：	https://shop162373850.taobao.com
邮　　　箱：	cctp@cctpress.com
排　　　版：	德州华朔广告有限公司
印　　　刷：	三河市明华印务有限公司
开　　　本：	787 毫米 × 1092 毫米　1/16
印　　　张：12　　　　　　　　　　　字　数：215 千字
版　　　次：2021 年 4 月第 1 版　　　　印　次：2023 年 1 月第 2 次印刷
书　　　号：ISBN 978-7-5103-3750-5
定　　　价：48.00 元

前 言
Foreword

    计算机网络的诞生与发展改变了人们应用计算机的方式，同时也深刻影响了人们的生活、工作和学习。计算机网络无疑为人们的生产和生活活动带来了巨大便利，然而随之衍生的病毒、黑客等不安全因素却对网络本身形成巨大威胁，进而直接或间接地影响人们的生活。

    据统计，截至 2018 年，我国网民规模达到 8.02 亿，互联网普及率达到 57.7%，手机网民规模达到 7.99 亿，网民中使用手机上网的人群占比 98.3%。其中，79.3% 的网民对网络安全有所了解，但在真正遇到信息安全威胁时却不知所措，仅有 4.5% 的人具备解决和防范网络信息安全的自我应对能力；网民中多账号使用同密码的人群占比为 76.3%；随意打开链接，扫描二维码的人群占比为 54.20%；不安装安全软件的占比为 34.2%；随意安装 App 的人群占比为 28.4%。在网络空间中，人们的信息安全无时无刻不受到威胁和挑战，普及全民网络信息安全意识任重道远。本书即针对当前网络空间的信息安全问题做出说明和解答，为专业人士提供信息安全技术指导的同时，也期望能够影响和呼吁更多的网民，自觉维护网络空间信息安全。

    本书共分为六个章节，第一章为绪论，主要从计算机技术与互联网的发展、网络空间信息安全的意义和发展趋势对网络空间信息安全进行基本概述；第二章首先对网络空间信息安全进行思路梳理，分析了网络空间信息安全的主要威胁因素、影响因素及其所涉及的内容和基本原则；第三章主要围绕网络空间的风险管理探讨信息安全保障性问题；第四章主要围绕网络空间的物理安全探讨信息安全保障性问题；第五章主要围绕网络安全的人员安全探讨信息安全保障性问题；第六章则最后重点围绕网络空间的信息技术安全探讨信息安全保障性问题。

总的来说，本书内容全面、层次清晰，从理论和实践角度、从基础和技术角度对网络空间的信息安全进行较为详细的分析和说明。书中难免存在疏漏和不足之处，恳请广大读者批评指正。

作者

2021 年 1 月

目 录
/Contents

第一章 绪 论 ·· 1

  第一节 计算机技术与互联网的发展 ················· 2

  第二节 网络空间的建构及其现实效应 ··············· 9

  第三节 网络空间信息安全的重要意义 ·············· 18

  第四节 网络空间信息安全的发展趋势 ·············· 20

第二章 网络信息安全框架 ························· 23

  第一节 网络信息安全的主要威胁 ················· 24

  第二节 影响网络信息安全的主要因素 ·············· 28

  第三节 网络信息安全所涉及的内容 ··············· 30

  第四节 网络信息安全的基本原则 ················· 36

第三章 风险管理保障性研究 ····················· 41

  第一节 风险管理概述 ························· 42

  第二节 风险识别与安全调查 ···················· 43

  第三节 风险评估与风险控制 ···················· 49

第四章 物理安全保障性研究 ····················· 57

  第一节 访问控制 ··························· 58

  第二节 物理访问控制 ························· 73

  第三节 机房与设施安全 ······················· 78

  第四节 技术控制 ··························· 89

第五节 环境与人身安全 ·· 95

第六节 电磁泄露 ··· 98

第五章 人员安全保障性研究 ·· 105

第一节 安全组织机构 ··· 106

第二节 安全职能与人员安全审查 ···································· 112

第三节 岗位安全考核与信息安全专业人员的认证 ············ 115

第四节 安全事故与安全故障反应 ···································· 121

第五节 安全保密契约的管理与离岗契约的管理 ··············· 124

第六章 技术保障性研究 ·· 127

第一节 信息密码技术 ··· 128

第二节 数字签名技术 ··· 137

第三节 无线网络安全 ··· 138

第四节 防火墙技术 ··· 156

第五节 入侵检测技术 ··· 167

第六节 大数据信息安全 ··· 180

参考文献 ·· 185

第一章

绪　论

人类一直在往信息通信方面不断探索，它的每一次演变都是人类智慧的结晶。从古代的造纸术与印刷术的问世，再到后来报纸、电话以及广播的普及，还有我们最开始所接触到的收音机、黑白电视机，再到现在的彩电、手机、电脑的诞生，回顾历史，这一次次的信息通信变革象征的何止是一种技术变革，这更多是给社会带来了深远、宽广的变革。它象征着经济关系与文化生态以及管理体制等一系列的发展动态，同时也产生了解构和重构效应。毋庸置疑的是，在当今这个互联网涌动的时代，它对社会所产生的解构和重构效应比任何一个时代都要来得更凶猛，更自发而又无序。由此可见，当前各国互联网信息安全所面临的最大问题就是，怎样将互联网信息的生产与传播充分地带入促进社会经济发展当中去，与此同时，还要将互联网可能带来的现实破坏列入可把控的领域当中去，使其最终形成促进社会良性发展与有序竞争的状态。

第一节　计算机技术与互联网的发展

信息技术，即 information technology，简称 IT。它主要用于管理与处理信息所采用的各种技术与方法的总称。人类自诞生以来，已经对信息技术展开了五次重大的革命：第一次变革时间距今约 35000 至 50000 年前所发生的，"产生语言"这是人类第一次进行信息技术变革，就好像刚来到世界的婴儿，即将睁眼仰望世界，这一次变革也打开了人类系统信息间传递的第一幕；第二次变革发生于公元前 3500 年左右，此次变革将信息传递上来自时间与空间的阻碍给击破了；而第三次变革是公元 1040 年所发生的，这一次变革是我国造纸术与印刷术的发明以及广泛传播，不仅将信息传递的成本给降低了，还将效率大大地提升了起来，这为大众传播时代的到来奠定了基础，也点燃了希望；接下来就是第四次变革，这是一个跨越性的突破，因为电报、电话以及广播、电视、电影等信息技术来到了我们的身边，随着 1837 年有线电报机的诞生此次变革也开启了属于它的篇章，再到电磁波的广泛使用，突破了时空上的限制，从而正式走进大众传媒的时代，这是一次飞跃的进步；20 世纪 40 年代，我们迎来了第五次信息技术革命，它的到来象征着电子计算机的广泛使用，这是一个全新的时代，在计算机和现代通信技术的有机结合下，人类开始正式步入数字信息传播时代。你现在所感叹过的高科技并非短时间内一蹴而成的，它是经过一朝一夕的孕育，一次又一次的实验而形成的。

而狭义的信息技术概念就是以第五次信息革命为核心而定义的，指通过与计算机、通信、控制等各种硬件与软件技术设备，再对信息进行储存、加工、显示、识别、获取以及使用等各种高新技术的总称，它将信息技术的现代化与高科技的含量给重点突出来了，但是回头看看，这还是属于人类思维与感觉以及神经系统等对信息进行处理的器官的蔓延。

第五次变革的发展趋势与特征就是信息技术与通信技术两者间的融合发展。在这之前，它们两者是处于一个独立的状态，信息技术主要侧重于对信息的解码与编码，还有通信载体当中的传输途径，而后者相对而言更偏重传送的技术。跟随技术融合的发展，它们两者间的关系已经是密不可分了，就好像是曾经处于两条平行线的两个人慢慢有了交点，现代信息通信技术（information and communication technologies，简称 ICT）也慢慢发展成 20 世纪 90 年代以来最具有代表性以及影响力的新技术集合。就当今社会而言，计算机以及其他的网络为核心的现代信息通信技术已经遍布我们生活当中的各个领域里了，无论是经济上还是文化领域，甚至小到个人，都充满了信息技术的影子，不仅为全球网络空间的形成与发展奠定了技术基石，还标志着信息技术已经成为我们生活里的不可或缺的一分子。

一、计算机技术发展简史

时至今日，可以将计算机技术的演变历史分为以下这五个阶段：电子管、集成电路、晶体管以及大规模集成电路与智能化计算机。下面针对该五个阶段进行简要分析。

1943 年至 1957 年，是电子管计算机时代，我们将它称为第一阶段。英国于 1943 年将一款包含了 2400 个真空电子管又可以进行编程的计算机推了出来，而且每一秒钟可以破译五千个字符。同一年，在美国政府的资助下，约翰·莫克利（John Mauchly）与约翰·伊克特（John Eckert）开始对计算弹道的电子装置进行研究。于 1946 年间，他们在费城将 ENIAC 计算机（electronic numerical integrator and computer）推出来后，象征着现代计算机的问世。ENIAC 所应用的电子管有 18 000 个，电阻器有 70 000 个，而焊接点达到了 500 万个，占地达到 170 平方米，重度达到 30 吨，而且功率有 174 千瓦，可以每秒进行 5000 次加法运算。该电子管计算机是采用真空电子管与磁鼓对数据进行储存的，为什么没能广泛普及呢，其原因主要是因为它的成本相对高，且体积过大、故障多等因素。第一台采用磁带的计算机 ENIVAC（electronic discrete variable computer）于 1949 年诞生的，它的问世给计算机存储技术上带来了一次革命性的突破。约翰·伊克特与约翰·莫克利一起设计的一台商用计算机系统 UNIVA-1 于 1951 年被用于普查美国人口上，同时，也标志着商用计算机打开了篇章。

晶体管计算机时代发生于 1958 年至 1963 年间，我们称之为第二阶段。美国的电报电话公司（AT&T）贝尔实验室在 1954 年成功地将第一台半导体计算机（简称 TRADIC）研究并制作了出来。随着晶体管于磁芯储器的广泛应用，也象征着计算机技术的发展走进了第二代。直至 1958 年后，晶体管与印刷电路被计算机大批地使用。而由 IBM 公司所推出的晶体管化 7090 型号计算机被当作是第二代电子计算机的典范，并被记载到了史册当中。晶体管计算机与电子管计算机相比有了很大的进步，主要体现在：功耗有所降低、体积缩小、速度较快以及功能上有所加强。再看计算机的语言发展方向，IBM 的巴克斯（Bacchus）与他的研发小组一起于 1957 年将第一种高级计算机语言 FORTRAN（formula translation）给开发了出来。随之不久，第一种结构化程序设计语言 ALGOL（algorithmic language）也在 1960 年诞生。而后一年，被推出的就是 APL 编程语言（a programming language）。随着高级计算机语言的不断升级与进步，大大地将计算机编程难度给降低了，这也使得一群充满新血液的程序员、系统专家等与计算机有关的人员所诞生了。

第三个阶段发生于 1964 年至 1972 年间，是集成电路计算机时代。美国的工程师杰克·基尔比（Jack Kilby）于 1958 年把多种电子元件集成到半导体的芯片上面，使集成电路被发明了出来。IBM 在 1964 年将首套系列的兼容机推出来后，直至 1972 年，这一个阶段都是集成电路主导计算机的时代。集成电路的使用让计算机又有了新的跨越，体积越来越轻巧，运算速度也越来越快了，还降低了能耗，以及性能方面越发稳定了。通过英特尔（INTEL）公司的董事长戈登·摩尔（Gordon Moore）很长一段时间的观察发现，晶体管的数目能被集成电路所容纳进去，大概是十八周的样子会增加一倍，随之提高一倍的还有性能，而这就是大名鼎鼎的"摩尔定律"。计算机技术的成就还远不止这些，如鼠标器的构想以及操作系统的问世，还有被后世所称之为互联网雏形的 ARPANET 的成功运行。

发生于 1972 年至 1989 年间的第四个阶段，就是大规模集成电路计算机时代。

英特尔公司在 1971 年将第一款微处理器 4004 成功开发了出来，它里面的晶体管有 2300 个，而且每秒钟能够执行的指令高达 6 万条，随着这一系列的发展，也象征着人类迎来了大规模集成电路的时代。在这一时期，个人计算机在大规模集成电路与微处理器技术发展的推动下也有了猛速的提升。英特尔公司于 1972 年将面向个人计算机的微处理 8080 发布了出来，不久，微软公司（Microsoft）在比尔·盖茨（Bill Gates）的创办下于 1975 年问世了。随之而来的是史蒂夫·乔布斯（Steve jobs）于 1976 年所创立的苹果计算机公司，而且还将 Apple I 计算机推行了出来。IBM 在 1981 年发布了个人计算机，并将其运用到了家庭与学校以及办公室当中。这么多新产品、新公司的成立，肯定少不了强强合作，正所谓合作才能共赢，个人计算机的 DOS 操作系统的开发也将委托给了微软公司。英特尔公司在 1982 年又发布了型号为 80286 的微处理器，而且也一直在对其进行更新换代，从而更多的型号与升级版也随之问世，如 80386、80486、奔腾（PENTIUM）、奔腾二代（PENTIUM II），然后就是奔腾第三代（PENTIUM III）。当社会发展到一定程度，就肯定少不了良性竞争，正所谓，有竞争才有发展。苹果公司也是一家实力很强的公司，为了与 IBM 的个人计算机竞争，它于 1984 年将使用 Motorola6800 微处理器的 Apple Macintosh 系列的电脑推行了出来，不仅有图形界面，还能够用鼠标进行操作，便捷又轻巧。微软公司也在 1990 年开始，将 Windows 系列的操作系统推行了出来，并且慢慢地放弃了对 DOS 系统的研究。

所谓的第五个阶段就是智能计算机时代，也是我们现在离不开的东西，它们已然成了我们生活当中的一部分了，该阶段的时间为 20 世纪 90 年代至今，智能时代还在继续，人类的智慧与脚步永远不会停下来。计算机的性能在 20 世纪 90 年代开始就已经有了大幅度的上涨。无论是什么东西，只要不放弃就一定能等到它开花结果的那一天。微处理技术已经开始向单芯多核心、单芯片多线程以及系统级芯片 SOC 的方向发展，而集成电路也逐步向纳米的时代迈进。同时，各项技术也在向着更高更远的方向所发展，如信息存储技术与传播技术跟随纳米光电技术、光通信技术以及光存储技术的脚步奋发向上地发展。像一些软件系统也慢慢发展成智能化的系统；而最初始阴极射线管的信息显示技术也已经发展成了液晶显示器与等离子显示器等。我们这一代的年轻人，都离不开计算机技术，它们就像是久违的朋友一样闯进我们的生活，不仅丰富了我们的生活，还实现了人机互动的技术。该技术的发展趋势不断地推进着个人计算机与智能终端的猛速普及，这也是形成全球计算机网络的不可或缺的条件。

计算机未来的发展历程远不止现在所看到的，它会跟随着人类智慧的结晶越走越远，越飞越高。从以上这五个阶段来看，我们可以将计算机技术的发展进行简单解析，如图1-1所示。

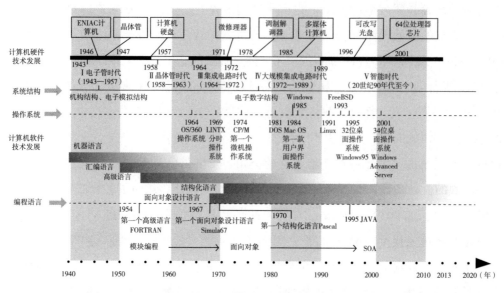

图1-1 计算机技术的发展简史

二、互联网发展简史

在现代通信技术的构建下，网络就如雨后春笋一样，如互联网、电信网以及广播电视网等。你对哪一种网络的印象最深呢？我想绝大多数的人应该都会选择互联网吧，不论是对人类生活影响最深还是最广泛的毫无疑问都是互联网，它已经成为人类发展历史上的重要里程碑，它的发展象征着网络信息社会的到来。互联网的萌芽至今，所发展的历程也可以分为四个阶段来看。

20世纪60年代至70年代中期，这是第一个阶段——阿帕网时期。美国麻省理工学院的博士伦纳德·克兰罗克（Leonard Kleinrock）于1961年发表了分组交换技术的论文，他提出分组交换网为中心的计算机网络，当中的通信双方都具备自主处理能力的计算机，其中资源共享与系统计算是它的功能，互联网之后的标准通信方式也是以该技术为主；同校的克利德也于第二年将"银河系网络"的概念提了出来，他设想了一套通过世界各地计算机互相连接在一起从而形成的一种系统。在1969年，美国国防部基于上述研究将世界上第一个远程分组交换网即阿帕网（ARPANET）给创建了出来，它的建立标志着互联网的诞生；美国剑桥的BBN科技公司工程师雷·汤姆林森（Ray Tomlinson）于 1971 年将电子邮件带入社会上来，后来美国大学等一些研究机构开始广泛使用阿帕网技术；罗伯特·卡恩（Robert Kahn）于 1972 年通过计算机通信会议，第一次将阿帕网技术公开地进行了演示，同时还将开放式架构网络的构想提了出来，不久后，该构想也成为了分组无线网络项目当中一个独树一帜的项目，并被称为"Internetting"，自此以后，在信息技术的范畴当中就有了互联网的占地。随之不久，卡恩又将一个可以满足开放式架构网络环境所需要的传输控制协议 / 互联网协议（TCP/IP）给开发了出来，这为因特网的诞生奠定了基础。阿帕网作为因特网的原型其应用主要是限制于政府与军事的范畴当中，网络领域没有超过美国的国界。在第一阶段当中，随着电子邮件功能的推出，为人与人之间进行信息交流开创了一条新路径，与此同时，这也象征着计算机网络社会化应用的启程，时至今日，这依然属于因特网极为重要的基础性功能。

20 世纪 70 年代中后期至 90 年代初期是第二个阶段——局域网时期。阿帕网应用在发展这条道路上越走越远，其带来的优势也越发明显，如资源共享与数据传输等功能。同时，局域网在产业部门的应用当中也获得了跨越性的发展。英国剑桥大学在 1974 年开发了剑桥环局域网（Cambridge Ring），不久之后 XEROX 公司也在 1976 年推出了梅特卡夫研制的以太网，局域网在这两者的推行下正式开始。而技术专家将心思全面放置于促进计算机网络向着更大规模互联与方向更加开发的渠道进行发展。为了能够将大量独立的局域计算机进行管理，保罗·莫卡派乔斯（Paul Mockapetris）将域名系统（DNS）发明了出来，分层路由模式替代了单一的路由分布式算法，在内部网关协议（IGP）与外部网关协议（EGP）的推动下将各局域网连接成了更大规模的广域网。国际标准化组织也在 1984 年正式将"开发系统互联基本参考模型"国际标准给颁布了出来，计算机网络也开始步入了标准化的发展轨道，该标准化的进程为全球互联网的形成奠定了兼容与接口基础。

20 世纪 90 年代至 21 世纪初期就是第三阶段的发展历程，我们称之为全球互联网时期。互联网时代的覆盖，现代信息通信技术的发展已经到达了一个猛速时期，美国在 1993 年宣布执行国家信息基础设施计划（NII）之后，全球各国也开始跟上步伐，这一举动，也把人类推入了一个全球互联网发展的新阶段。而欧洲粒子物理研究所的提姆·伯纳斯李（Tim Berners-Lee）所开发的万维网也在 1991 年第一次公开亮相。万维网所采用的是超文本传输协议，该超媒体系统是属于分布式的，从一个站点到另一个站点的链接非常方便，随着该技术的发展，踊跃而出的是大批的商业资讯门户网站与企业以及政府机构，不仅使得信息供给开始成倍增长，还让以计算机网络为基础的虚拟社会迅速成型。随着第一款图形界面浏览器在 1993 年的到来，计算机的操作也变得十分便捷。从而也使得计算机社会化应用走向更远、更辽阔的空间。

而互联网发展的第四个阶段就是智能互联网时期。进入 21 世纪后，很多新的事物都开始随之而来，对于网络技术这一块也开始向着智能化、移动化、社会化等方向所发展，而社会的趋势逐步成为面向因特网的电信网、计算机网与广播电视网这三网相互交融的形式，同时，还有移动互联网与物联网等等新兴技术也被大范围地应用，以及进行了深入的交融，这一系列的发展对于全球网络空间的形成而言，无疑又是一次重大的突破。像移动互联网与物联网等等都实现了"人—物—空间"等基于网络信息的无缝衔接，不仅如此，还涌现出了大批异构的网络信息资源。围绕用户所需求的网络信息资源的智能挖掘与动态流动在云计算经过虚拟化的计算模式下已经成为可能，新应用与新技术所带来的网络数据开始爆发式地增长，这也象征着一个处于大数据基础上的随机应变的智能互联网时代即将开启。为了响应智能互联网时代的到来，2012 年 3 月，美国政府发布了《大数据研究和开发提倡》，并且将其作为国家信息化发展的新策略，与此同时，将全力打造 Data.Gov 推荐政府数据开放。展望未来，围绕大数据的开发利用已经成为全球网络空间新一轮发展所需要的重要引擎，这是能够预见得到的，这也预示着人类对于网络的依赖将会愈来愈强烈。

回首过去，互联网的发展不仅丰富了人类的生活，也给经济上、文化上，以及政治上、生活上等等方面都带来了不可估量的发展前途，它象征着人类无穷无尽的智慧。

结合以上所说的四个阶段，将互联网的发展历程做简要概述，如图 1-2 所示。

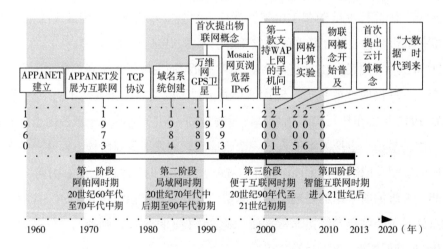

图 1-2　互联网发展简史

第二节 网络空间的建构及其现实效应

一、网络空间的概念与架构

（一）网络空间的概念演讲及其内涵

所谓网络空间（cyberspace）其实不是一种技术性的词汇，它最早是诞生于文学的领域当中。在 1981 年，美国的科幻作家威廉·吉布森（William Gibson）在《燃烧的铬》一书当中首次使用该词汇，将它带入人们的眼帘当中，"网络空间"意指通过计算机所建立的一个虚幻信息空间。之后，W. 吉布森于 1984 年在小说《神经漫游者》一书当中，将"网络空间"再次带入人们的视野当中，而且还跟随该书三度获得科幻文学大奖而享誉全球。1969 年，随着 ARPANET 的创立，网络空间才被真正构造出来，只不过当时的计算机应用并没有风靡全球，也没有被广泛运用，当时只被限制于军事与科研领域当中。由此可见，吉布森小说当中所描述的情景对于人们的现实生活而言可谓是遥不可及，可能人们只有在想象当中才可以感受到。从20 世纪九十年代中后期开始，计算机以及网络技术开始得到快速发展并且受了广泛的运用，就好像是梦想照进现实，曾经幻想过的社会已将成为现实。

互联网是在美国的军事领域中起源的，所以，美国的国家安全部门与军事部门在官方文件当中多次提出过有关于网络空间的概论。于 2001 年 4 月 12 日，美国的国防部联合出版物 1-02 在《军事及其相关术语辞典》当中对网络空间进行了定义，认为网络空间是计算机网络当中的数字化的信息在通信的时候所形成的抽象环境。该概念将网络空间的虚拟性给突显了出来。布什政府于 2003 年 2 月所发布的《保护网络空间的国家安全战略》中将网络空间虚拟性的概念描述得更为形象，认为网络空间就好比是国家的神经系统一样，是很多东西组成而来的，譬如服务器、路由器等等，能够维持着一些关键性的基础设施运作，同时，它将网络空间的运作看作是国家安全与经济安全的前提基础，这个概念不仅指出了网络空间的构成载体，还将承运国家关键基础设施的信息网络系统的重要性给着重强调了出来。慢慢地，信息技术也逐渐发展得越来越完善，也给社会带来了不小的影响与渗透力，人们对于网络空间的认知强度也越来越深刻。美军参谋长联席会议于 2006 年 12 月签署了《网络空间行动的国家军事战略》，并把网络空间界定为"域"（domain），与此同时，还将网络空间的电子技术与电磁频谱技术这两大关键的技术给强调了出来。这个战略将网络空间的运用原理描述为：在网络化系统和物理的基础设备的基础上，利用电子技术和电磁频谱进行信息传播与存储。小布什总部在 2008 年 1 月份的时候签署了"第 54 号国家安全正常指令（NSPD54）"与"第 23 号国土安全总统令（HSPD23）"两份与网络空间相关的文件。这两份文件的签署将网络空间的覆盖范围也进行了扩展，文件认为，组成网络空间的还有很多互相连接在一起的一些基础信息技术设备。就当时来看，网络空间的概念涵盖了各种通信网络，还有军事网络与工业网络，已经大大地超出了以计算机网络为主体构成的互联网。美国国防部常务副部长戈登·英格兰（Gordon England）在 2008 年 5 月的时候，对网络空间定义的备忘录当中对以前的定义进行了修改，他认为网络空间是由非常多的基础设施网络所结合在一起的，它们相互依附、依存，构成一个全球信息与环境的范围，这个被修正过的定义将网络空间的全球性与信息环境本质的属性给强调了出来。两年后，美国国防部在 2010 年 2 月将《四年防务评估报告》给发布了出来，它对"人造"的网络空间的意义进行了延伸，上升到海洋、陆地、天空、太空传统自然领域后的第五个具有战略意义的空间当中，那就是"网络空间是一个由互联网和电磁通信网络等在内的相互依存的信息技术基础设施构成的全球性领域"，并且对此进一步地指出，网络空间并非大自然所制造的，但是它的重要性不比那些自然领域差。美军的参谋长联席会议于 2011 年将《美国国家军事战略报告——重新界定美国军事领导权》的报告给发布了出来，并且将网络空间和四大传统空间之间存在的关系给明确地表述了出来。这个报告不仅把网络空间称为是全球连贯在一起的一个领域空间，还指出了网络空间就像是一种媒介将传统的空间连接在一块，使得陆地与海洋，以及天空与太空通过网络空间这座桥梁聚集到一起，它们就像是一团发光的力量，融合在一起释放出新的动力。

如图 1-3 所示，这就是网络空间与传统四大空间所融合在一起从而形成了五大空间的相互关系的展示图。它们相互连接、相互依存，发散出更大的力量、新的活力。

网络空间的概念并非是一成不变的，它在人类生活与计算机网络系统的交融发展中进行不断的演变。站在狭义的视角上对它进行解析，它是由多种基本要素所构成的一个信息相互交流的空间，如用户、信息、计算机（包括各式各样的计算机以及智能手机等等）、应用软件等等，通过以上这些要素的有机组合，从而形成一种物质层面的计算机网络以及数字化信息网络，还有虚拟的社会关系等虽然意义不一样却还是互相依存的巨大的信息系统。如果站在广义的角度上对其进行解析，那首先就离不开人类，它的由来说来说去始终是因为人类智慧的结晶，它承载着人类在社会实践活动中的现实空间，网络空间依附在信息网络这些新兴技术中，在它们的依托下，将生物与四大空间以及自然界的各种元素之间建立起一个广泛并能够相互联系的巨大空间里，让它们能够展开智能的融合，这个在不断延伸、不断智能互联的网络空间，将成为人类未来赖以生存与发展的重要场所，人类的发展离不开它，它的扩展也离不了人类。

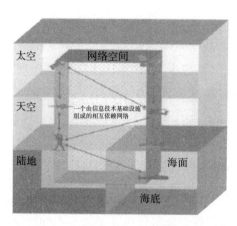

图 1-3　美军参谋部五大空间相互关系

也许还有人对网络空间保持疑问，不确定它的现实意义与重要性，但是，无论你的疑惑有多深，全球网络空间的发展趋势可以说就是明日之星。研究表明，直至2012 年为止，全球的网络用户规模已高达 24 亿，这不是我们最满意的数据，根据微软公司的预测，全球互联网用户将在 2020 年突破 40 亿，显然，这个数据也不是所有人都会满足，谷歌的执行董事长埃里克·施密特（Eric Schmidt）认为在这个智能终端与高度网络普及的时代，互联网的使用率在 2020 年可以覆盖全球几乎所有人。从物联网的方面看，直至 2012 年为止，实现了彼此链接的物品在全球上已达到120 亿件，世界电信巨头爱立信公司（Ericsson）也对此进行了推测，他认为到 2020年已实现的网络链接物品将会有 500 亿件，该数据是非常惊人的，意味着在未来不管是谁，所需要用到的生活设施与设备都会实现智能互联；换个层面来分析，站在信息流量这个层面上看，按照思科公司最新发布的《2017—2022 年视觉网络指数报告》预测，到 2022 年，全球网络流经的 IP 流量将超过互联网元年到 2016 年底全部32 年间的流量总和。到 2022 年，网民将占据全球人口的 60%，超过 280 亿设备将连入互联网。而视频将占据全部 IP 流量的 82%。全球 IP 流量将增加逾三倍到 2022年，全球 IP 流量将达到 396 艾字节 / 月，2017 年仅为 122 艾字节。到 2022 年，互联网流量繁忙时段将比普通时段活跃六倍。从 2017 至 2022 年，繁忙时段流量将增加 5 倍（年复合增长率 37%），到 2022 年达到每秒 7.2 千兆。普通时段流量将增长近 4 倍（年复合增长率 30%），到 2022 年达到每秒 1 千兆。到 2022 年，全球固定及移动个人设备和连接数将达到 285 亿，2017 年为 180 亿。人均联网设备数 / 连接数从 2.4 台增至 3.6 台。到 2022 年，逾半数设备和连接将是机器对机器的形式，而 2017 年这一比例为 34%。146 亿连接来自智能音箱、固定装置、设备和其他机器，2017 年为 61 亿。到 2022 年，IP 视频流量将达到现在的 4 倍，在全部 IP 流量中的占比从 75% 增至 82%。2017—2022 年，游戏流量有望增长 9 倍。到 2022 年，游戏将占据全部 IP 流量的 4%。虚拟现实和增强现实流量将出现飞跃。到 2022 年，可从 2017 年的 0.33 艾字节 / 月增至 4.02 艾字节 / 月。到时候，人类社会将会是一个全新的社会，在网络智能化的带领下，人类社会开启全新的创新与发展。

（二）全球网络空间的架构

分析网络空间架构的关键性因素是网络节点、网络协议、域名服务器以及网站的基本概念，这些基本概念既是解析这个复杂网络空间的运行原理与基本构架，又是管理网络空间的重要性手段。

所谓网络节点就是属于网络空间当中的一个基本单位，在网络中的形象通常是不仅具有唯一地址，还具有数据传达与接受功能的人或者是设备，所以，它们可能是计算机、用户、打印机、服务器以及某一个工作站，如果在物联网环境下，它们又可能会是一个具体的物体，如电视剧、冰箱等等。这些网络节点不是单一的，而是各式各样的，它们组合在一起就形成了网络。而这些网络节点就是通过通信线路这个媒介所连接在一起的，使其成为一定的几何关系，从而就构成了以计算机为基础的拓扑网络空间。

根域名服务器是全球网络空间当中第一层的核心节点，同时也是互联网域名解析系统（DNS）当中拥有的级别最高的域名服务器。根服务器在全球为数不多，仅有 13 台（由 1 个主根服务器与 12 个辅根服务器形成，其命名分别是以字母依序所命的。主根服务器 A 在美国，辅根服务器 B 至 M 美国有 9 个，剩下的分别在瑞典、荷兰以及日本）。在这 13 个根服务器当中有 7 个是通过任播技术，在全球设有多个镜像服务器。截至 2012 年，镜像服务器包含在内，全球总共具有 374 台根域名服务器。

如表 1-1 所示，这就是全球 13 个根域名服务器的信息列表。

表 1-1　全球 13 个根域名服务器信息列表

服务器称	运维的机构	IP 地址	自治系统编号	站点数量分布（个）
A	美国 VeriSign 公司	IPv4：192.41.0.4 IPv6：2001：503：BA3E：：2：30	19836	总数：8 全球：8 本地：0
B	美国南加州大学 信息科学研究所	IPv4：192.228.79.201 IPv6：2001：478：65：：53	无	总数：1 全球：0 本地：1
C	美国 Cogent Communication 公司	IPv4：192.33.4.12	2149	总数：8 全球：8 本地：0
D	美国马里兰大学	IPv4：199.7.91.13 IPv6：2001：500：2D：：D	27	总数：1 全球：1 本地：0
E	美国宇航局艾姆斯研究中心	IPv4：192.203.230.10	297	总数：12 全球：1 本地：11
F	互联网系统协会	IPv4：192.5.5.241 IPv6：2001：500：2f：：f	3557	总数：57 全球：5 本地：52
G	美国国防部网络信息中心	IPv4：192.112.36.4	5927	总数：6 全球：6 本地：0
H	美国陆军研究实验室	IPv4：128.63.2.53 IPv6：200：500：1：：803f：235	13	总数：2 全球：2 本地：0
I	瑞典奥托诺米嘉公司	IPv4：192.36.148.17 IPv6：2001：7fe：：53	29216	总数：43 全球：/ 本地：/
J	美国 VeiSign 公司	IPv4：192.58.128.30 IPv6：2001：503：C27：：2：30	26415	总数：70 全球：63 本地：7
K	荷兰 RIPE NCC 公司	IPv4：193.0.14.129 IPv6：2001：7fd：：1	25152	总数：17 全球：5 本地：12

服务器称	运维的机构	IP 地址	自治系统编号	站点数量分布（个）
L	互联网名称与数字地址分配机构（ICANN，国际独立非营利性质机构）	IPv4：199.7.83.42 IPv6：2001：500：3：：42	20144	总数：143 全球：/ 本地：/
M	日本 WIDE Project	IPv4：202.12.27.33 IPv6：2001：dc3：：35	7500	总数：6 全球：5 本地：1

根据国家层面上看，我们将中国作为案例，可以将网络空间的结构分成两个层面，即核心层与大区层这两个。其中，核心层是由八个城市的核心节点组合而形成的，如北京、安西、武汉、沈阳、上海、广州、南京、成都。正所谓是，在其位谋其政，核心层的作用是什么呢？即将国际 Internet 的互联与大区间信息交换的通路提供出来。需要注意的是，它们并不完全是网状结构。像上海与广州，以及北京这三个城市都在核心层的节点设置了国际出口的路由器，它们的职责主要是和国际互联网进行相互连接，而其他的核心节点则需要分别以最少两条以上的高速 ATM 链路连接这三个中心。全国三十个省会城市根据行政区划就是指大区层，主要是以八个城市的八个核心节点为中心所分别形成的八个大区网络，而中国的网络空间大区层就是由这八个大区网络一起组合形成的，这八个城市和核心层的八个城市一样。大区内还需要设置两个大区的出口，一些非出口节点的其他出口则与这两个出口相互连接在一起。大区层的作用是：提供大区里面的信息交换与接入网接入 Chinanet 的信息通路。需要注意的是，核心层是大区间进行通信必须要经过的场所。若基于此再向下分级的话，则就是连接在城市级网络下的公司企业或者直接是个人用户。

我们把用于完成国际互联网当中的各类子网络间相互连接、相互通信的重要规则保障称为网络协议，即 Internet protocol，简称 IP。还有一点需要注意，各种不相近的网络由于传送数据的基本单元，在技术上称为"帧"的格式各异，因而彼此之间也是无法做到相互通信的。网络协议属于互联网计算机之间用于完成互通的一种基本规则，它的设计理念也是为了实现计算机当中的网络进行相互连接，然后进行相互通信。它的组成部分并非特别烦琐，而是由一套软件与程序所结合而成的一种协议软件，然后再将各式各样的"帧"转换成统一的"IP 数据包"这种格式。也是这种相互通信的规则给因特网定义了不一样的特征，即开放性。除此之外，给因特网当中的任何一台计算机与其他的设备配备地址是网络协议的另外一项重任，所谓配备的地址就是众所周知的 IP 地址。它就好像是一个手机号码，以此来对用户或者机器做显著的标识，从而方便数据之间进行传输。网络协议在开发当中有很多版本已经实现了，如 IPv4（Internet protocol version4）这是第四个修订的版本，同时也是首个被普及的版本，直至今日，该版本的使用范围依然还是最宽广的。IPv4 所使用的地址有 32 位，即 4 字节，它在因特网规模的增大下，还产生了很多问题，如地址枯竭，直至 2011 年 2 月 3 日的时候就已经分配结束了。随之而来的是 IPv6，即第六个修订版本，它主要是因特网工程任务组所设计的网络协议，它的问世是为了更换 IPv4 版本，IPv6 的地址长度达到 128 位，而且地址的空间也扩大了不少，有 2 的 96 次方倍。因特网是不断延伸的，IPv6 的出现完全可以满足它的延伸性，不仅如此，该 IP 资源也非常充裕，如此一来，就可以实现网络用户和 IP 地址进行一对一的对应，实现到这一步，最明显的功能就是可以将网络空间的身份认证实现开来。

主机在因特网当中需要进行路由寻址的时候 IP 地址就是作为标识的作用，属于数字型的标识，人类对此很难产生记忆。所以就利用相对应的字符型标识来代替，即域名（domain name）。好比如，域名 www.Wikipedia.org，与之对应的 IP 地址就是 208.80.152.2。在网络空间内，我们把专司域名所管理的主机叫作——域名服务器，英文名称 domain name server，简称 DNS，该服务器里面装置了域名系统，属于一种可以将名字解析实现的分层结构数据库。可以将这整个的网络空间当成是数不尽的子网络所构成的，而它们就是由域名服务器来进行分层管理。每一层都有一个域，它们之间的隔离就是采用一个点来表示。需要注意的一点是，每一级域名长度不得超过 63 个字符，总长度不得超出 253 个字符。同时，域名的级通不得大于 5 级，而它的级别层次分别是从左到右循序升高。域名也会受到限制，仅限于 ASCⅡ字符的一个子集，故而，很多的语言都没有办法将它们正确的单词展现出来。下列是一些见得比较多的通用顶级域名，代表性机构：.gov（政府机关）、.edu（教育机构）、.int（国际性机构）等等，代表性地区：.cn（中国大陆）、.hk（香港）、.us（美国）等等。

"网络"（website）大家一定不陌生，我们在日常生活中或是工作当中，网络就像是亲密无间的伙伴，时刻陪伴在左右，它已经成为我们生命当中的一部分，它带我们的眼睛与心灵看到过、接触过，以及领悟过太多太多的新事物，那么它又是怎么形成的呢？它属于网络空间当中非常重要的一部分，它会根据相关的规则，利用一些工具（如 HTML）所制作的、将相关的信息内容的相关网页集合展现在大众眼睛，若用户想要浏览，就需要借助浏览器来将网页内容呈现出来。网站的组成部分主要是以下几个：域名、DNS 域名解析、空间服务器，以及数据库与网站程序等等。网站的网络空间就是由该网站内一切网页集合所组成的，承担它们的服务器都是单独成立的，不会与其他共享。网站源程序所放置的地方就是网络空间内，将其表现为网络前台与后台。一般的普通用户活动的场所都是网络前台。网站并非一开始就有这么多功效，因特网发展的早年时期，它的功能还非常受限制，仅能将一些简单的文本信息提供出来。时至今日，再看看网站，它所能呈现出来的内容已经不能用非常多来形容了，若你想听声音，它可以满足；若你想观看视频，对它来说也不在话下；就算是 3D 技术，也可以满足你，由此可见，网站现阶段的传播形式已经达到了炉火纯青的地步了，相信在未来，它可以给我们的眼球带来更为震撼的画面。现如今，网站也分为了多种类型，可以满足不同用户的需求，如社交类、商务交易、求职招聘、国际国内新闻等等，专业的事情找专业的网站，满足不同人群的不同要求。

二、网络空间的现实效应

20 世纪中后期，在全球军事战略与科技创新上，以及文化、经济的需要等多重因素混合在一起所发展出来的产物就是互联网，由此可见，互联网的形成与发展是必然的。互联网在它四十多年的发展历程中，其网络空间给我们这个现实世界带来了非同凡响的影响力，它给每一个国家的政治、军事、文件以及经济上都带来深远的影响，它给传统主权的国家带来了一大重击，将全世界置于一个信息交流、合作共赢的氛围当中，经过这种变革，各国在政府运作上、军队作战的手段上、经济发展上，以及人们的生活方式上，都发生了翻天覆地的改变。

从我国的政治角度上来看，网络空间的形成与发展不仅给经济上带来了翻天覆地的改变，还大大推进了我国社会民主的进程，并对此产生巨大意义，发挥重大效用。互联网的普及所带来的作用主要表现在以下两个方面：其一，在互联网的推进下，我们公民的各项民主权利都得到了有力的保障与实现，如监督权、知情权以及参与权等等；其二，互联网促使了政治动荡的现实与潜在威胁因素。在 2011 年，阿拉伯所发生的世界系列政治事件，一些互联网的新媒体就在其中发挥了一定程度的催化作用。

站在国际关系的角度上来看，国家主权与民族国家的概念在网络空间的影响下展现出不同程度的弱化，也给基于建立在民族国家意识形态上的文化归属与爱国主义情怀带来了极大的打击，相反的是，全球合作的价值理念却得到了进一步的突显，各国之间相互依存的程度也在全球网络空间的基础上有了很大的提升。总体而言，网络空间的形成与发展也带来了不同程度的利与弊，它的发展在总体上对于各国之间的关系而言还是有促进作用，但是但凡对网络空间国家合作局面与发展趋势有所击破的行为举止就会导致全球舆论掀起巨大的风波，以下这个事件就是一个很好的案例：2013 年 5 月，由于美国中情局的一位前雇员斯诺登将"棱镜"与该系列的网络监控事件暴露出来，这给美国与其他国家之间的关系带来了严峻的挑战。

站在经济发展的角度上来看，现如今，网络空间已经属于人类经济活动当中的一个非常重要的领域，各国之间的经济发展都开始慢慢向信息技术靠拢，信息技术就是推动经济增长的主要核心动力。同时，一些商品与服务以及劳动力这些都可以在全球网络空间当中实现跨时间、跨地区的交流，在全球网络空间当中，它们能够自由地流动，譬如，中国的老百姓可以买到其他国家的商品等等。与此同时，各企业也开始利用网络空间这个大平台实现资源合理配置与开拓市场等等。俗话说，每一件事不可能做到十分完美，而网络空间亦是如此，它在给人类创造利益的同时，也会带来或多或少的问题，在为经济发展带来伯乐的同时，由于其信息基础设施自身存在的缺陷也给经济带来了新的问题。如果信息基础设施存在漏洞，那么就会给网络犯罪分子带来机会，故而使得各国间的经济造成一定的损失。下面讲述一个实例：在 2011 至 2012 年间，网络份子利用信息系统的弱点让全球的个人用户损失惨重，共计损失金额高达 1100 亿美元，这一笔数额非常惊人，中国有大约 2.57 亿受害者，损失金额高达 2890 亿人民币，看到这笔数目时，是否觉得非常惊人，这就是真实存在的案例，也就是由于网络犯罪分子所带来的巨大威胁。

我们从思想文化的角度上看待网络空间，在全球网络空间的发展趋势下，促使各国间的文化从传承的发展趋势转向为向外扩展的趋势，该举动为不同的文化进行相互融合、摩擦，以及升华方面带来了极其重要的契机。与此同时，各国的人们通过网络空间打破了传统的聚合方式，能够聚集在一起不再是因为血缘，或者是地域的关系，但凡信息需求类似就能够组建成一个群体，不仅扩大了人际交流，还实现了各国间的文化交流等等。不仅如此，个体的传播权也随着网络空间的发展而实现，每一个单独的个体既可以将信息生产出来，发布出来，也可以接受其他用户所发布的信息，而信息的传播方式也发生了翻天覆地的改变，不再是传统的由上往下的传播形式，而是进化成了网状的模式，就像是一个圈子，可以自行选择接收信息，网络信息的传播权不仅实现了，还得到了非常普遍的实行。

通过以上的讲述，我们可以看出，在网络空间的使用下，人类的信息交流与社会交往都有了很大的突破，推进了人类社会生产方式与社会关系。而对于各国之间的各项发展而言，也具有非常大的意义，不管是经济还是政治，文件以及军事方面，我们能够看到的变化都非常明显，还有那些潜在的影响。同时，还有一个事实是不可改变的，那就是它给现实带来的既有利也有弊，既有积极意义，那么也存在多多少少的消极影响，网络空间就像是一股不可抵挡的浪潮，它的到来就是除了四大空间之外的另一重要空间——"第五空间"。由此可见，对网络空间进行合理、科学的评估，不仅是推动各国网络空间发展与安全的必要因素，而且还是每一个国家的必要的重要战略。相信，在不久的未来，我们能够感受到网络空间带来的更多惊喜。

第三节　网络空间信息安全的重要意义

一、网络空间信息的安全简介

网络就像是一根藤蔓，不断向前蔓延，它已经成功地延伸到了社会的众多角落里，譬如，经济上、社会生活上、文化以及军事领域等等，不仅如此，放眼望去，你瞧哪一个现实生活中的人不会受其影响，看样子，它的藤蔓已经扎在了我们现代社会当中每一个人心中，人们对计算机网络的依赖性也越来越强。众所周知，不论是什么好的补品也不能多吃，否则就会适得其反，对于如今这个开放性的网络而言也是如此，它在带给人们方便的同时，也带来了不少安全隐患，如何才能够保证它的安全性呢？为此，我们将计算机网络空间信息的安全划为现代信息化建设当中一个非常核心的问题。

计算机网络当中所传送、存储以及处理的信息并非一种，而是五花八门的，譬如，当中有很多都是敏感的信息，就连国家机密也会有，像一些政府宏观调控决策、科研数据，以及股票证券等等。这些信息都是非常重要的，一旦在网络安全漏洞的计算机系统中操作，那么很有可能会导致这些敏感信息被盗取，或者是人为破坏、篡改数据，以及计算机病毒与恶意发布信息等等不好的情况，而发生这些的后果是不可估量的，不管是对社会还是经济上的损失都非常严重。今时不同往日，不像以前那样，互联网与我们遥不可及，现如今它已经与我们的生活融为一体了，生活中的大小事务都离不开它，大到国家大事，小到个人。安全事故频繁发生，这给国家带来的影响非常大，就好比习近平主席所说的那句话，没有网络安全，就不存在国家安全，网络空间信息的安全已不再是单纯的网络安全了，它的严重性已经上升到了国家战略的高度。

二、网络空间信息安全的重要性

网络空间信息安全重要吗？对于这个问题，十有八九的人都会给出肯定的回答，重要，网络空间的重要性获得了普遍的认可，但是很多人都浮在知道问题，但不知道解决问题这一现象中，从而忽视了网络空间信息安全。譬如，大多数的企业都把网络硬件看得很重要，在该方面的投资也是舍得下血本，但是单纯为硬件投资，却没有想到网络空间可能会存在着一些潜在威胁，因此，在网络空间信息安全这一块很少会有人下血本。这些不重视导致网络信息系统多多少少都存在着一些先天性的安全 bug，没有及时处理的话，很有可能造成不可估量的后果。网络空间信息安全就好比是水果上的一条虫，你一直忽视它，那么它就会把水果咬得越来越坏，你的忽视给予它更好的机会，在这个已经受到破坏性的环境中，它越来越大，而我们的水果却已经从表面损伤延伸到了内部，而网络空间信息安全亦是如此，一旦没有将漏洞及时进行处理，对其不重视，那么后果将不堪设想。近几年来发生了很多比较大的一些网络空间信息安全事件，下面举例阐述五件：

第一件：黑客米特尼克于 1995 年，潜入非常多的计算机网络空间当中，对两万个信用卡账户进行盗窃，他还入侵过"北美空中防务指挥系统"，不仅将美国"太平洋电话公司"在南加利福尼亚州通信网络的"改户密码"给破解了，还曾对美国 DEC 进行过非法侵入，不仅如此，还对美国其他的五家大公司网络进行入侵，导致其损失了八千万美元。

第二件：我国数百万台计算机用户曾在 2006 年遭受过一次木马感染，"熊猫烧香"，这是一种危害非常大的病毒，它不仅使得我国的计算机遭受到大量感染，还危及了一些周边的国家。直至 2007 年，该病毒的制作人李俊被捕。

第三件：2008 年发生了一件重大黑客盗窃事件，黑客利用 ATM 欺诈程序，一夜之间从全国各地 49 个城市当中的银行里盗走的金额高达 900 万美元。

第四件：这次的事件可以称得上是我国所遭受到最大的互联网泄密事件。事件发生在 2011 年 12 月中旬，我国 CSDN 网站用户数据库遭到黑客攻击，并将其泄露在网上，使其公开在网络上亮相，遭到泄露的邮箱账号以及与之相对的明文密码有

600 多万。一直到次年的 1 月 12 日，才将两名嫌疑人抓获，并进行刑事拘留。

第五件：是一次近几年发生的事件，发生于 2017 年 5 月 12 日，有一款叫作"想解密"又名"想哭"的勒索病毒在全世界领域之内猛速传播起来。根据欧洲刑警于 5 月 14 日所说，遭受到该病毒侵入的国家与地区已有上百个，而受到感染的计算机高达数十万台，如果想要将感染到的文件进行解密，只有根据黑客需求支付高额赎金才可以。该病毒涉及道德范围非常广，我国有一部分的高校与企业的计算机内网也遭受到它的侵害。

以上五件案例，只是众多网络安全事件当中的一小部分，像这种类型的事件数不胜数，而且像这种计算机犯罪的案件不仅没有逐年减少，反而还有所增加。根据美国研究表明，在全球的互联网当中发生黑客事件的概论高达每 39 秒一次，而且这些攻击一般都不是指定性的，很多黑客都没有一个固定的目标，因而也不好去判断。

由此可见，只要你是一个互联网用户就很有可能会遭受到黑客的攻击，所以，网络系统的安全体系一定要足够强大才行，千万不可以抱侥幸心理，要全面确保网络信息的安全性，以及保密性与可用性。网络空间信息安全的重要性关乎我们每一个人，只有认识到它的重要性，并将安全性落到实处才可以做到防患于未然。

第四节　网络空间信息安全的发展趋势

一、网络空间信息安全攻击的发展趋势

知己知彼，百战不殆，要想切实保障网络空间信息安全，就必须要了解网络空间的信息安全攻击现状与形式，已形成有效的应对。就目前来说，网络空间信息安全攻击技术的发展趋势主要表现为以下几点。

1. 自动化程度与速度均有所提升

攻击工具可以自行发动攻击，如红色代码和尼姆达等工具可在 18 小时内达到全球饱和。恶意代码可以进行自我复制，同时自动、连接性地攻击内外网的其他网络和主机。随着分布式攻击工具的出现，攻击者可以对 Internet 系统中部署的大量工具进行有效管理和协调。

2. 工具趋于复杂化

开发者应用更先进的技术对攻击工具进行武装提升，使得攻击者的攻击行为更加难以捉摸和被发现，受害者难以利用其特征进行有效的检测和治理。现在的自动攻击工具可以较为灵活地变化其攻击模式和攻击行为，这主要通过预先定义、入侵者直接管理或随机选择等方式实现。攻击工具可以通过升级或更换工具的一部分发生变化，从而加快攻击速度，变化攻击形态，形成有效攻击。此外，许多攻击工具被开发为可在多种操作系统平台上执行。

3. 安全漏洞发现得更快

每年都会有许多新发现的安全漏洞，与此同时新的安全漏洞层出不穷地涌现。虽然使用最新的补丁对这些漏洞进行修补，但是入侵者却也能够在场上修补这些漏洞之前发现攻击目标。

4. 攻击网络基础设施威胁性大

网络无疑是现代人不可或缺的重要的一部分，人们对网络服务有极大的依赖性，若某天黑客得以攻击网络基础设施，这无疑会给人们带来损失和影响，威胁网络安全性。

二、网络空间信息安全防御的发展趋势

（一）安全防御技术

1. 逻辑隔离技术

以防火墙为代表的逻辑隔离技术将逐步向大容量、高效率，基于内容的过滤技术以及与入侵检测和主动方位设备、防病毒网管设备联动的方向发展，形成具有统计分析功能的综合性网络安全产品。

2. 防病毒技术

防病毒技术将逐步实现由单机防病毒向网络防病毒方式过渡，而防病毒网关于产品病毒库的更新效率和服务水平将成为防病毒产品竞争的核心要素。

3. 身份认证技术

通常认为，基于 Radius 的鉴别、授权和管理（AAA）系统是一个非常庞大的、主要用于大的网络运营商的安全体系，企业内部并不需要这么复杂的东西。由于来

自内部的攻击越来越大，管理与控制比较复杂，所以 AAA 系统应用于内部网络是一个必然的趋势。

4. 入侵检测和主动防卫技术

入侵检测和主动防卫作为一种实时交互的监测和主动防卫手段，正越来越多地被政府和企业应用，但如何解决监测效率和错报、漏报率的矛盾，需要继续进行研究。

5. 加密和虚拟专用网技术

移动办公或企业与合作伙伴之间、分支机构之间通过公用的互联网通信是必需的，因此加密通信和虚拟专用网有很多大的市场需求。

6. 网络管理

网络安全越完善，体系架构就越复杂。管理网络的多台安全设备需要集中网管。集中网管是目前安全市场的一大趋势。

（二）安全管理

1. 整体考量，统一规划

信息安全取决于系统中最薄弱的环节，"一枝独秀"并不意味着系统安全，真正的安全建立在统一的网络安全架构基础之上，安全策略要从整体考量，安全方案需要统一策划。

2. 战略优化，合理保护

信息安全工作应服从企业（组织）信息化建设的总体战略，滚动式实现系统安全体系的统一。在战略优先的前提下，追求适度安全，合理保护组织信息资源资产，安全投入与资产的价值相匹配。

3. 集中管理，合理保护

统筹设计安全总体架构，建立规范、有序的安全管理流程，集中管理各系统的安全问题，避免安全"孤岛""短板"现象的产生。

4. 七分管理，重点防护

管理是网络信息安全的核心，技术是安全管理的保证。只有完备的法律法规、健全的规章制度、严谨的行为准则并与安全技术手段合理结合，才能实现信息安全的最大化。

第二章

网络信息安全框架

第一节　网络信息安全的主要威胁

一、物理威胁

（一）偷窃

所谓偷窃指网络空间信息安全当中设备被偷窃、偷窃信息或服务等等其他内容。若黑客或侵入者对计算机当中的某些信息有兴趣，那计算机信息就很有可能被他们偷走，亦或对计算机进行监视偷窥等。这些做法都属于非法偷窃。与网络入侵相比，偷窃攻击显然要方便很多。

（二）废物搜寻

有很多计算机当中的信息都会被打印出来，没用的时候就会将其随意丢弃，这样一来，就给了偷窃者机会，他们很有可能会通过搜寻废材料、废弃光盘等等方式来获取重要的信息。因此，对于计算机当中的废弃软盘或硬盘，若需要丢弃的话必须要经过物理粉碎才可将其丢弃，否则很有可能被有心人利用，在上面获取有用信息。

（三）身份识别错误

所谓身份识别错误就是指非法建立一些文件或者记录，想要将它们作为一种有效、正式的文件或记录。对于那些需要身份鉴证的特殊信息（如护照、安全卡等）进行伪造，这些都是属于身份识别错误的领域。该行为对于网络安全以及数据的保护而言威胁极大。

（四）间谍行为

所谓间谍行为就是采取一种极其不道德的手段来获取有价值、重要的机密信息的行为。

二、漏洞行为

（一）不安全服务

何为不安全服务，就是指因为系统本身的缺陷而造成的漏洞，这些漏洞可能会使得一些服务程序不经过安全系统，从而导致信息系统形成一种无法预料的损害。

（二）配置与初始化的错误

服务器难免会出现重启或关机的现象，服务器重启的时候系统也会随之初始化，在这个过程当中，安全系统不一定会进行正确的初始化，如此一来，就很有可能留下安全漏洞，一旦这些安全漏洞被利用，那么一些机密信息就很有可能泄露出去。像这种安全问题在木马程序对系统安全配置文件进行修改的时候也有可能会发生。

（三）乘虚而入

计算机间的通信都是利用特定端口所执行的。假设在一个 FTP 服务当中，用户与系统之间的信息被终止了，而该端口依旧还是属于激活的状态，一些非法用户就可以利用这个机会乘虚而入，与系统进行通信，这种情况下就不会与例行的申请以及安全检查程序接触，这些漏洞带来的威胁极其危险。

三、身份鉴别威胁

（一）口令圈套

所谓口令圈套与冒名顶替脱不了干系，属于网络安全当中的阴谋。编译代码模块是一种经常用到的口令圈套，它的操作与登录屏幕如出一辙，将其放到正常的登录之前，用户所看到的登录屏幕有两个，第一次登录失败之后，会要求用户再次将用户名与口令输入进去。事实上，第一次登录失败只是一个幌子，目的是把登录数据即用户名与口令写到这个数据文件当中，将其存留以便之后进行操作。

（二）口令破解

所谓口令破解就是指利用一种计策分析与猜测口令，把正确的口令套出来，该领域当中，已经有非常多提高成功率的技巧产生了。

（三）编辑口令

编辑口令依赖于操作系统的漏洞。假设企业内部的人所创建的一个虚设的账户，或对一个隐含账户口令进行的更改被别人知道了，但凡知道那个账户用户名与口令的人就能够对该主机进行随意访问了。

（四）算法考虑不周

口令验证系统不是在任何条件下都可以正常运行的，必须要满足一定的条件，而该过程的实现需要通过某种算法。算法必须要考虑得周全，因为算法的周全与否决定着验证过程与结果的可靠性。这种案例不是没有发生过，之前就有侵入者使用超长的字符串将口令算法破解了出来，成功进入网络信息系统。

四、有害程序威胁

（一）病毒

病毒并非单独存在的，而是将自己依附在其他一些正常的程序上形成一段代码。病毒能够利用这种途径进行不断地自我复制，将自己本身带有的病毒随着依附着的程序散播在计算机与网络系统之间。

（二）特洛伊木马

所谓特洛伊木马就是一种可以进行远程控制的工具，若将其装置到主机上面，那么就可以对那台主机进行远程控制与监视了。如此一来，特洛伊木马就可以对该主机做很多非法的事了，如在该主机上下载重要文件，窥视私人文化，以及偷窥密码与口令信息，严重的还能将其重要的数据进行摧毁。一旦主机中了特洛伊木马，那么该主机的所有密码都会暴露在别人面前，所有的隐私将不复存在，也没有任何安全性可言。

（三）代码炸弹

代码炸弹是一种杀伤力比较强的代码，一旦代码炸弹形成的条件被满足，就会产生一些破坏性比较强烈的后果。但是代码炸弹与病毒还是有差别的，它不会到处散播，程序员会把炸弹代码放入一个不易被察觉的软件当中，避免被轻易找到。当这些代码炸弹被触发以后，就会给计算机系统带来很多的安全隐患，而该代码炸弹又只有程序员才可以解开，利用这一点，程序员就会趁机敲诈，很多时候受害者并不知道受到了这么大的威胁，就算是产生疑虑也无法将自己的猜疑证实出来。

五、网络连接威胁

（一）窃听

很多不法分子会通过窃听的方式收集所需要的信息，例如，对连线上所发射出来的电磁辐射进行检测，就可以获取自己想要的信号了。所以，为了防止机构内部的信息被泄露出去，就一定要做好保密工作，譬如，采用加密技术来阻止信息被攻击者解密。

（二）冒充

所谓冒充就是利用别人的身份去做一些事。这里的冒充就是指利用他人的账户与密码，将自己所需要的数据与程序获取过来。想要实现冒充并不容易，一般情况下，都需要有熟悉机构、了解网络与操作过程的内部人员参与。

（三）拨号进入

想要通过远程拨号的方式进入网络，只需要有一个调制解调器与一个电话号码，如果具有所想要攻击的网络账户时，攻击起来就更方便，那么对于网络而言就具有非常大的威胁，因为防火墙面对该方法的时候都会失去作用，也失去了任何抵御功能。

这些威胁都是针对环境与事件的，威胁会给机构带来很多危害，可以把数据泄露出去，或将其修改，甚至是破坏。威胁又分为两种，即有意与无意。有意的威胁就是一种恶意的攻击，而人为失误，或遭受自然灾害，或者是软件与硬件的失效等则属于无意威胁。但并不意味着威胁就一定会造成损坏，威胁想要构成危害必须要具有一定的条件或机会，系统的弱点就是威胁的机会，利用对外界可见的系统威胁就可以转换成真正的危害。可见性是用来衡量一个系统对于入侵者吸引程度的方式，也是决定黑客对系统入侵并带来危害的直接性因素。威胁并不是只有上述所讲的这些，天灾人祸也是极其严重的威胁。

第二节　影响网络信息安全的主要因素

对网络空间信息安全造成影响的因素非常多，下面对这些因素总结起来并进行简单的阐述。

一、网络环境相对比较开放

我们所有人几乎都接触过网络，网络就像是一个世界各地的交流平台，它能够让你与任何一个陌生人产生联系，这种感觉是不是非常美好，与每一个人都有交朋友的可能，不用书信传递，简单的交友软件就可以实现；但是网络的这个功能也带来了非常可怕的影响，这开放性的平台上，每一个人都有可能窥视到你的生活，想一想也有些毛骨悚然。

Internet 的宗旨就是面向国际，它属于开放性的网络，不会局限于某一个区域或国家，它是一个跨越国际的网络平台，虽然它的开放性能够让我们的眼球走入更多大千世界，但同样的，也存在着非常多的安全隐患，很多网络攻击都是一些国际犯罪分子，而且还有可能是 Internet 上面的任何一台机器，你无法得知。我们很多时间被 Internet 的世界蒙蔽了双眼，久而久之忘了它只是一个虚拟的网络，而在网络的那一头你永远无法得知是谁，很有可能就是一个攻击网络的黑客。现实生活中，一旦遇到攻击，法律可以立即对此进行追击，但是在 Internet 这个虚拟的网络当中，它代表的不仅仅是某一个国家，也不是用某一个国家的法律对犯罪分子进行处理就好，在 Internet 当中远不止这么简单，因为它是跨越国界的网络，很多时候，法律也会碰壁，在这样一种严峻的挑战当中，网络空间信息安全所面临的挑战不是某一地区某一国家，而是整个国际化。

最开始建立网络的时候，大多考虑到的是它够不够便捷、开放性是否足够大等等，而最关键的安全因素却被忽略，网络的整体安全构架不牢固，那么它们就很有可能会遭受到任何一个团体或者是个人的接入，如此一来，网络所面临的威胁就是方方面面的，随时都有可能受到攻击，而你却还不得知到底是哪里出现了问题。譬如，入侵操作系统、入侵硬件与软件、入侵网络通信协议等等，俗话说，苍蝇不叮无缝的蛋，网络亦是如此，你的系统本身存在漏洞，也没有安全体系，那就是特别危险的。时至今日，网络空间信息安全已经不是某个组织或国家的事情了，它已经小到个人了，它是整个信息时代人类共同所面对的严峻挑战。

二、操作系统的漏洞

就像上文中所说的，苍蝇不叮无缝的蛋，而那个缝隙就等同于漏洞，也就是我们经常所说的 bug，这些漏洞给攻击者提供了一个很好的契机，在攻击的时候利用这些缺陷对系统进行破坏或窃取，为什么会产生这些漏洞呢？它产生的原因有很多，可能是因为硬件本身存在缺陷，有可能是因为程序的缺陷，还有可能是操作不当导致的等等。而对于侵入者来说，有漏洞就相当于有了机会，他们对这些漏洞进行分析，然后利用漏洞对系统进行损害。

操作系统是网络连接当中重要的组成部分，而在操作系统当中可能存在漏洞的概率非常大，而且很有可能不止一种，大多数的黑客对网络进行攻击前，都是通过寻找操作系统漏洞这一步而进行的。操作系统可能存在漏洞的原因有如下几个因素：

（1）系统本身自带的漏洞：就是指在设计系统的初期漏洞就没有被处理掉，从而一直携带，就算是对操作系统程序的源代码进行修改也无法免去漏洞。

（2）操作系统程序的源代码存在漏洞：所有的程序都有出现漏洞的可能性，操作系统也属于计算机程序，那么它也就很有可能会存在漏洞。譬如，冲击波病毒，该病毒主要是针对 Windows 操作系统的 RPC 缓冲区溢出漏洞。

（3）操作系统程序的配置不恰当：大多数操作系统默认的配置安全性都不高，安全配置不仅会比较烦琐，而且安全知识这一块也需要较为充裕，但是就目前而言，很少有用户满足这方面的条件，假设在安全配置这一块不够严谨，或者安全功能的配置不正确，那么就很有可能造成系统安全缺陷。

三、TCP 或者 IP 的缺陷

主要表现在以下两个方面：其一，如果该协议数据流所使用的是明码传输，在传输的这个过程当中也无法对其进行控制，那么很多有可能就会被他人截取或窃听；其二，若该协议在设计的时候所使用的是协议簇的基本体现结构，那么作为网络节点唯一的标识——IP 地址，不仅不需要对身份进行验证，而且还不是固定的。如此一来，这对攻击者来说又是一个机会，只有冒充他人的 IP 地址就可以对信息进行窃听或者篡改了，甚至是将信息拦截。

四、人为因素

很多人做事都比较粗心大意，计算机本身就属于一个比较隐私的东西，如果使用者的安全意识都不够强烈，对于安全不放在心上，安全管理措施也没有落到实处，那后果还是自己遭殃，粗心留下的安全隐患，后果自己背，只是造成严重的后果以后，即便是后悔也来不及了。譬如，本该设密码的隐私文件状态依然是公开的，那么别有用心之人一旦发现后，就很可能对其进行破坏或盗窃，同时，这种做法对于黑客来说也是一个攻击的机会。还有一些人就算是知道计算机存在很大的安全隐患却还是置之不理，等到病毒入侵也已经来不及了。

第三节　网络信息安全所涉及的内容

网络空间信息安全所涉及的内容非常宽广，延伸到的学科也非常深远，如通信、计算机学、数学等，它还与心理学、法律学有关联，除此之外，还有众多的社会科学，它是一个牵涉众多领域的复杂体系。一般而言，我们可以将网络空间信息安全所牵涉到的内容分为五个方面，即物理安全与网络安全，以及系统安全与应用安全，最后一个就是管理安全。如图 2-1 所示。下面对这五个方面的内容进行简要分析：

图 2-1　网络空间信息安全所涉及的内容

一、物理安全

我们可以把物理安全称为实体安全，这类安全就是对计算机的物理设备以及设施等进行保护，使其避免受到火灾与水灾，还有各种自然灾害与环境事故的伤害，同时，还有一些人为的失误操作和犯罪分子的蓄意破坏。保障了计算机的物理安全，就是保障计算机信息系统整体安全的前提。以下三个方面就是主要的物理安全：

（1）环境安全：环境安全就是指保障计算机系统周边环境的安全，譬如，放置计算机的地区是否安全，是否会受到自然灾害，能不能及时处理、防御等等；还有区域的保护到不到位，典型的就是电子监控有没有落到实处。

（2）设备安全：设备就是包括一些基础的设施设备，如防火、防盗、防电磁信息辐射泄漏等等。

（3）媒体安全：媒体安全包含了数据的安全与媒体自身的一些安全保护。

很多人都不太看重物理安全，殊不知将其忽略带来的后果是什么，像一些小规模的企业与家庭，他们对于物理安全这一块看得非常轻。如果黑客对这些用户进行攻击，想要进入这些机器非常简单，在短时间内就可以让计算机系统存在安全隐患。为了全面防止该类事件的发生，需要做到以下几点：

（一）让用户的机器远离人群

像一些规模比较大的企业，对人员控制这一块做得非常好，像数据中心这些重要的区域对于人员的进入做了相对的限制，需要持有钥匙或者门禁卡等等的人员才能够进行访问，对于那些未经授权的人员一律不可入内，除非特殊情况并持有上级领导指示的情况下才可以酌情考虑。但是对于很多小规模的企业而言，他们做得非常粗心，没有专门的数据中心，直接将服务器放置公共场所，像这类情况很容易遭到黑客攻击，或者一些人物有意的、无意的过错，如此一来，不仅没有得到半点保护措施，反而增大了安全风险。

最好是将敏感服务器放置在上锁的门后面，除此之外还是不够的，门当然要上锁，但是为了给予它多重保护，还需要挑选一名值得信赖的管理员，将访问的权限能力交给他们。并不是考虑安全问题就可以万事大吉了，因为，还有一个很重要的问题，那就是硬件环境的要求。打个比方，为了保证一台服务器的安全，将其锁闭在一个不透风的房间里，并限制人员进入，那么它就一定安全吗？该房间通风不够，该计算机就很有可能会因为过热的原因导致故障，那么它所采取的这一安全措施将毫无意义，这就是为什么要保证硬件环境的原因了。

毋庸置疑的是，用户所拥有的具有价值的资产并非只有计算机，还有一个非常具有价值的东西就是备份磁盘。同时，要对备份进行安全保护，将其放置在一个硬件环境与安全问题都过关的地方才可以保证它的寿命。

（二）将他人阻止在外

这虽然不失为一个控制物理接触与潜在破坏的好方式，但工程量比较大，因为用户不可能时时刻刻都能让每一个人不接触自己的机器，这是不现实的。对计算机的具体操作进行有效限制显然是更有头脑的物理安全计划。

我们在计算机旁边时，可以有效阻止他人靠近，但是当我们离开的时候呢？当时是对计算机进行限制，就需要对其进行锁定。操作起来非常容易，譬如，在 Windows7 系统当中，只需要对这几个按键同时进行即可，先按 Ctrl+Alt+Delete 该组合键，再按 Lock 键，也就是我们常用的 K 键。如果是速度非常快的侵入者能够在十秒内不需要密码就能进入用户的计算机，并且能够对磁盘进行共享，但是也不需要担心，因为只要养成锁定计算机的习惯，这种情况也就可以避免。由此可见，在使用计算机的时候我们需要做到人离锁机。

一旦产生了限制物理接触放置计算机的地方的这种想法，下一步就需要实施限制他人接触计算机部件的做法了。想要实现该目标可以通过内建于计算机的物理安全特性。每一台计算机其内部都具有特定的安全特征，为了增强用户计算机的安全性，免受黑客攻击，就可以将这些安全特性充分地利用起来，就算是免不了计算机的破坏，也要把损失降到最低，让用户最多只是丢失一台机器而已，而重要数据并不会受到威胁。像 Windows 就对此提供了很多有用的特性。

（1）将放置 CPU 的机箱给锁住。该功能很多计算机都能实现，像一些台式机的机箱与塔式机的机柜里面都有锁片，这些锁片可以用来防止侵入者将机箱打开，对其进行盗窃行为。

（2）利用电缆式的安全锁来阻止他人对整台计算机进行偷盗。该措施对于那些外形比较小巧的计算机比较适用。

（3）给计算机配置 BIOS，使其不能通过光盘与 U 盘进行启动。使用该功能可以防止攻击者删除或销毁用户系统盘当中的密码与数据。

（4）如果条件允许，可以在机房当中安置活动探测报警器。该系统最好是装置在大型企业当中，因为这对于家庭办公室而言，还是没有那个必要。

（5）在计算机的敏感或者机密的文件上采用 EFS 加密。EFS 就像是一件防弹衣，能够给计算机提供额外的保护，而且适用于台式机与便携机。

（三）保护用户的设备

计算机网络当中，很多地方都是容易遭受到攻击的区域，如集线器与网络电缆连接，甚至于是外部的网络接口等等。若攻击者可以对用户进行连接，那么很有可能就会对其进行破坏，譬如，截取用户正在传送的数据、攻击其他网络当中的计算机等等。尽量将集线器与交换机放置在有人活动、看管的区域内，还可以放置在被上锁的机柜当中，除了不便于其他人接触外，还要保证用户所使用的外部数据连接点处于一个锁定的状态值中。

物理安全的加强非常重要，实现起来也没有那么耗时耗力，总的来说还是比较容易实现的，还有就是，其花费的资金与它所带来的安全利益相比，是物超所值的。

二、网络安全

如表 2-1 所示，该表讲述了网络安全的组成。

表 2-1　网络安全的组成

网络空间的安全	局域网络与子网的安全	访问控制，如防火墙
		网络安全检测，如入侵检测系统
	数据传送在网络中的安全	给数据进行加密，如 VPN
	网络空间的运行安全	备份和恢复
		应急措施
	网络空间的协议安全	TCP 与 IP
		其他的协议

在网络安全当中的内外部网之间的隔离与访问控制可以利用防火墙来实现，这不仅是保护内网最主要的措施，还是最有效、最经济实惠的措施之一。所谓网络安全检测工具就是指评估以及分析网络安全的一种软件，或者是硬件，计算机系统当中存在的潜在漏洞与安全隐患都可以利用该类工具进行检测出来，如此一来，既可以增强网络安全性，又可以做到防范于未然，一旦存在漏洞还可以及时进行补救。

我们在使用计算机的时候，经常会用到备份，其主要目的就是在突发情况下尽快将计算机系统运行的所需数据与相关信息给复原，以免造成工作困扰。随时将文件备份是一个好习惯，它不仅仅是为了保护网络系统硬件不出现故障，还能保护一些因操作失误而导致数据遗失等情况，在这个网络盛行的时代，难免会遭到黑客攻击，及时备份也能保护黑客对数据破坏的现象，不管什么意外发生，一旦没有备份，那数据与重要的信息就会遭到破坏，后果不可估量，除此之外，备份也属于系统灾难恢复的前提之一。

三、系统安全

如表 2-2 所示，这是系统安全的组成部分。

表 2-2　系统安全的组成

系统安全	操作系统安全	系统安全检测
		入侵检测（报警器）
		审计分析
		反病毒
	数据库系统安全	数据库安全
		数据库管理系统安全

很多时候，人们用自己主观意识去选择保护哪一些系统安全，如网络与操作系统，他们认为该系统需要被重视，但同样也是由于这种主观意识而忽略了很多同样需要保护的系统，如数据库系统，这是一种非常重要的系统软件，不亚于其他任何软件，所以，它需要受到同等的重视。

四、应用安全

如表 2-3 所示，这是应用安全的组成部分。

表 2-3　应用安全的组成

应用安全	应用软件开发平台的安全	各类编程语言平台的安全
		程序本身安全
	应用系统的安全	应用软件系统安全

大多数人都非常注重系统安全，认为保护好系统就万事大吉，实则是有误的想法，应用安全应该建立在系统平台之上，而很多人对于应用安全的保护没有什么概念，为什么会造成这种现象呢，其主要原因有以下两个：（1）欠缺对应用安全的认知；（2）应用系统相对比较灵活，想要保护它并不是那么容易的事情，不仅需要全面认识应用系统，还需要掌握一些比较高层次的相关安全技术。

应用安全与有很多固定规则的网络安全与数据安全技术等等都有所不一样，它相对比较灵活，不同的用户其应用也是各式各样的，因此，对于它的保护所投入进去的人力与物力相对要比较多，而且不是现成的工具就可以完成，需要依照经验来动身完成。

五、管理安全

既是安全，就需要是一个整体，一套完整的安全方案包含了各个方面的技术手段，上文讲述的四点安全都是非常重要的，而管理安全顾名思义就是人为进行管理，要使安全解决方案的效益达到更高，必然是少不了以人为核心的管理支持与策略。很多时候，在网络空间信息安全当中，技术手段不是最重要的因素，至关重要不可或缺的一定是对人的管理。技术设备是比较硬核的，可以使用更先进的技术来保护系统，但是如果管理安全上有漏洞，那么再先进的技术设备也是无济于事，那么这个系统的安全就还是无法得到更完善的保障。网络管理安全的大多数专家都提出，保障网络管理安全有 70% 的因素来自管理安全，而技术只占 30%。由此可见，管理安全是一种极为重要的手段。

需要注意的一点是，网络空间信息安全是一个动态的过程，我们不能将其理解为目标。为什么这么说，主要是因为那些用来制约网络因素的并不是静态不变的，而是动态变化的，只有动态变化的过程才能得以保证系统安全。譬如，Windows 操作系统就会时常发布安全漏洞，但是在没有发现这个漏洞的时候，你就会认为自己的系统是安全的，殊不知早已有潜在隐患潜伏在了系统当中，只是发现的时候才会被称为实际漏洞，因此，我们要对系统进行及时的更新修补。

综上所述得知，网络空间信息安全并不是一个方面的内容就可以实现，它所涉及的是层层面面，而且还是一个动态变化的过程。网络空间信息安全就像是一个系统工程，它所面临的安全隐患并不是只有外部的，内部若是不够完善往往会带来更多漏洞与威胁，因此，不仅要做到有效防范外部攻击，又要做到完善网络内部的安全制度，全面抵制漏洞；与此同时，还要考虑到一些其他方面的威胁，如防黑客、防病毒等等，所以要对系统进行定期检测，给用户一个健康的网络环境。由此可见，我们可以对网络空间信息安全的解决方案总结出以下三条定论：第一，要给安全隐患提供防范能力；第二，对可能会造成安全隐患的潜在威胁制定一套解决方案，提高安全隐患的整体防范能力；第三，制定一套动态的解决方案，根据网络空间信息安全实际要求而进行完善与改进。

第四节 网络信息安全的基本原则

网络信息虽然存在着很多安全隐患，但是在操作与应用的过程中遵守网络空间信息安全的基本原则是非常重要的，因为可以将网络信息系统的风险与潜在威胁给减少，使其安全性得到基本保障。

一、最小特权原则

所谓最小特权原则就是指一个对象或实体所拥有的权限只能是为实施其分配任务所需要的最小特权，并且坚决不能超过该权限。

该原则也属于网络空间信息安全当中最基本的一种原则。网络管理员最开始为用户分配权限的时候，只会将相应服务的最小权限即只读赋予他们，后续的权限提升是需要按照实际情况与对用户的掌握程度而定的。并不是所有的用户都需要获取系统当中所有服务，因此，也没有修改系统文件的必要性。

网络信息系统当中的系统管理员或超级用户具有对全部资源进行存取与分配的权利，因此它的安全极其重要。若不对其加以控制，那么系统将有可能会遭受到不可限量的损坏。由此可见，对系统的超级用户权限进行控制是非常有必要的，同时也将最小化原则实现出来了。管理系统的人不止一个，是由多个管理员进行管理的，他们之间的任务是不一样的，分工明确并相互制约是管理员的基本要求，每一个管理员都只有相应管理模块的权限，也没有赋予其他模块权限的必要，而掌握系统根本操作的绝对权限更没有赋予的必要。

想要保障系统的安全性，就要限制信息系统当中的主体与客体，并且限制得越严格安全性则越高。但是，一味地通过限制来保障系统安全性是不可取又毫无意义的，最小特权原则虽要执行，但也不能完全因为它的执行而使得网络服务无法进行正常运作。

二、纵深防御原则

纵深防御原则就是指想要保障安全就不能寄托于一种安全机制当中，而是需要多种机制相互支撑、扶持才可以确保安全性。设想一下，一个系统当中只存在一个单一的安全机制，倘若遇到威胁，该机制又失败，那么系统就只能任由威胁所侵蚀了，还谈何安全可言？连一个"亡羊补牢"的机会也没有。

防火墙虽然是一种非常好的安全机制，能够对内部网络进行一定的防护，使其免受侵袭，但盲目地依靠防火墙来保证安全是绝对不行的，因为它只属于安全策略当中的一部分。像一些防火墙的攻击、冒充与欺骗的攻击，以及内部的攻击等，防火墙都无法阻止。除了防火墙外还需要设置多种防御措施，例如，代理、备份、入侵检测技术等等，如此一来，就可以将安全风险减到最低。

防火墙本身的技术也是多种多样的，也比较符合纵深防御的原则，在本书后面章节当中有详细介绍。

三、阻塞点原则

所谓阻塞点就是指建立一个窄道，迫使攻击者进入这个窄道当中，然后对他进行监视与控制。阻塞点原则的典型代表就是防火墙。防火墙处于内部网络与外部网络的边界之处，可以对网络信息系统唯一通道进行监视与控制，但凡有不良信息想要钻过去都会被防火墙给过滤掉，因此，也十分安全。

但是并不是说有了阻塞点就可以防止一切攻击者，现如今攻击者的手段越来越多，总会找到其他的方式进行攻击，如此一来，就连阻塞点的意义也不大了。就好比"马其诺防线"没有办法阻止来自非正面的攻击是一个道理。假设管理员为了图方便在防火墙上面私自建立一个"后门通道"，或者是对其他部门开后门，准许他们拨号上网，那对于攻击者来说也是一道后门，利用其绕过阻塞点，一旦这样的事情发生，那么防火墙的价值也被贬没了，毫无意义。

四、最薄弱链接原则

所谓最薄弱链接原则就是网络空间信息安全当中的"短板原理"，如链的强度主要由它最薄弱的链接所决定，墙的坚固程度是由它最单薄的地方所决定的。为什么系统会被攻破，主要原因就是因为其本身存在着漏洞或缺陷，而攻击者利用这些最薄弱之入手，若自己对系统还不够了解的话，那么就不会注意到这些最薄弱的"链接"，也无法将它们修复，如此一来，安全隐患就一直存在，从而也无法保证安全性。

想要解决最薄弱的链接，需要做到以下几点：

（1）及时对安全产品进行升级与修补。

（2）在平日里对待各项安全需要一视同仁，若只重视外部入侵而忽视内部入侵，那么就很有可能会造成安全隐患。

（3）尽可能的让最薄弱链接处坚固一点，能够在危险到来时保持强度平衡。

五、失效保护状态原则

所谓失效保护状态原则就是指在系统失效以后，安全保护系统能够自动开启，使系统处于一个安全状态，从而避免入侵。在网络当中，绝大多数的应用其设计都是遵循的失效保护原则。如，假设包过滤路由器发生了故障，不管是什么信息想要进入都会被拒绝；倘若代理服务器故障，不管是哪一种服务都不会被提供了，目的就是保护系统的安全。

在安全决策与策略当中，可以选择以下这两种状态：

1. 默认拒绝状态

除了被允许的信息或事件，其他的一概被禁止。在安全策略失败的时候，可以执行的应用必须是事先就已经被允许的，其他的应用一概被禁止。站在安全的角度上来看，默认拒绝比较有效，大部分的人都会选择这种状态。

2. 默认许可状态

默认许可与默认拒绝是两个极端，所谓默认许可就是指除了指明的拒绝事情以为，其他一概被允许。当安全策略失败的时候，除了那些事先被禁止执行的应用外，其他的应用都是被允许的，这种方式存在一定的安全隐患，但也不是没有人用，还是比较受欢迎的。

六、普遍参与原则

所谓普遍参与原则就是指所有与安全机制相关的人员都应该有意识地普遍参与进来，如管理者、普通职员以及每一个用户成员，这样才能够提高安全机制的有效性。若成员可以从安全机制当中随意退出，那么就会给侵入者提供一个突破的机会，首先将内部豁免的系统进行侵袭，再将其当作跳板对内部进行攻击。而且黑客的攻击时间以及方式都是不统一的，就算有入侵检测系统也不一定能够立即发现该安全事故，若系统异常与变化没有"全民皆兵"的意识就不可能马上发生事故并进行处理。

人的问题还是属于安全的本质问题，如果已经拥有了一个较好的安全策略，那么就要重视全员的安全教育，让他们能够有意识地维护安全，两者结合起来才能够称得上是完美的安全策略。

七、防御多样化原则

前面就说过纵深防御原则属于信息系统安全原则之一。但是，如果采用 n 个一模一样的防火墙将该原则实现会有什么结果呢？顾名思义，这些防火墙都是完全相同的，所以一旦其中一个被攻破，那剩下的 n-1 个所形成的纵深防御就不存在任何意义了。反之，若剩下的 n-1 个纵深防御是由不同的技术或产品所组成的呢，结果会有什么不同吗？毫无疑问，它们是具有意义的，而我们把这种方式称为防御多样化原则。

所谓防御多样化原则就是指所使用的安全保护系统都各不相同，避免因一个产品的缺陷而导致满盘皆输的现象。需要注意的是，要提防那些防御的虚假多样化。譬如，在很多普通的 UNIX 网络应用当中，不管它们运行的平台是 BSD 还是 System V，那么，万变不离其宗还是属于 BSD。而且 BSD 在很多的特定供应商的不同版本当中都存在着或多或少的毛病与安全问题，假如分别购买 BSD 与 System V 产品，以此来进行防御多样化，那么这种就属于虚假的多样化。还有一点需要注意，要避免系统都是由同一个所配置的。倘若是同一个所配置的，那么很有可能造成普遍错误，对其中一个配置的理解错误，那么将会把这种错误放置于所有的配置当中，这种现象是很可怕的，安全隐患的种子埋进了所有配置当中。

八、简单化原则

在这个企业规模越发壮大、信息系统功能越发复杂的社会当中，安全的需求也随之越来越难以满足；与此同时，防御技术与攻击也处于一个矛盾体当中不断地生长，安全产品将会越发的专业，安全策略也将变得更加烦琐难懂，进而也对安全方案的实施造成了一定的影响。

程序越复杂，存在的小毛病的可能性也就越大，芝麻点大的小"bug"都有可能会升级为一个安全隐患，要是网络信息系统变得复杂岂不更是如此，因此，复杂化对于安全而言具有很大的消极影响。事情一旦变得复杂，就会变得难以厘清、难以理解，那么它真正的安全性也会容易被忽略；那么对于攻击来说简直就是再好不过了，因为它们将多了很多隐藏的角落。由此可见，不管是信息系统的安全策略，还是方案的实施，都要讲究简单明了。越简单，就越便于管理人员与普通人员理解，才能够更好地实施安全方案。

第三章

风险管理保障性研究

第一节　风险管理概述

我国古代著名军事家孙子，他为后世留下的那部兵家圣典——《孙子兵法》，里面的很多内容对今天这个信息化时代而言仍有着相当重要的意义。

"知彼知己，百战不殆；不知彼而知己，一胜一负；不知彼不知己，每战必败。"孙子所说的这段话意思很显然，如果知己不知彼，虽获得胜利也会造成重大损失；若不知彼也不知己，那一定会战败。

因此，想要在信息安全管理这场战争中获取胜利，就要做到知己知彼。

一、知己

我们这里所说的"知己"就是指信息系统，如果想要保护资产就必须要对它们有足够的了解，明白它们对于机构的价值，可能存在的安全隐患等等。这里所说的资产就是指使用、传输以及存储信息的系统，对资产有足够的熟悉，就可以知道想要保护它需要做些什么，这就是所谓的"知己"，我们要认识它才可以为它做些什么。资产的保护并不单单指控制，很多机构都有控制机构，但是相关的维护、检查都没有落到实处，这就很容易造成失误。为了将资源保护好，就必须要仔细管理以及维护好每一项教育、正常以及培训计划和保护手段，从而确保其效果能够长期地持续下去。

二、知彼

所谓"知彼"就是指要十分清楚、熟悉机构所面临的各种潜在威胁。将机构信息资产的直接威胁揪出来，以保证其安全性。把这些威胁元素找出来以后再进行详细分析，依据资产对于机构重要程度的地位，建立起一个威胁等级列表。这样一来，就有利于根据等级来处理这些安全隐患。

三、利益团体的作用

所谓利益团体就是指负责与管理机构存在的风险。具体内容可以从以下三个方面的分析来看：

（一）信息安全

最了解机构中存在的风险与攻击的人是信息安全团体的成员们，在处理风险时，他们就是主导地位，处于该项工作的领导者。

（二）管理人员

所有的管理人员与用户都会进行相关安全培训，当威胁降临时，他们能够保持清醒的认知，这对于早期检测与响应的阶段而言有着一定程度上的积极作用。为了充分达到机构的安全需求，管理人员必须要给予信息安全与信息技术团体充裕的资源，即经费与人员。用户在使用系统与数据时，不可以盲目操作，必须要很清楚地了解这些信息资产对于机构的价值，同时，还要知道哪些资产的价值最高。

（三）信息技术

建立安全系统是利益团体务必要执行的任务，并且要对这些系统进行安全的操作。譬如，为了避免因硬盘故障带来的风险，在进行 IT 操作时要合理备份。同时，在对风险进行管理的时候，IT 团队可以对管理的价值与威胁进行评估。

利益团体必须要团结在一起，拧成一股绳，一起对抗各种等级的风险，风险程度大到将整个机构损毁，小到员工犯下最小的错误。

第二节　风险识别与安全调查

建立一定的风险管理制度，明确规定信息安全人员要对信息资产进行识别与分类，并且按照优先顺序来了解资产。资产就是各种风险与威胁代理的目标，而保护资产让其不受到威胁则是风险管理的目标。对资产有了一定的掌握后，下一个环节就是识别资产。识别资产就是对资产进行透彻的分析，任何资产的状况与环境都要进行严密检查，将其存在的隐患找出来。然后就是确定好控制措施，再依据控制措施对限制攻击可能造成的损失进行评估控制。

风险识别的第一步就是识别与评估机构信息资产的价值，如图 3-1 所示。

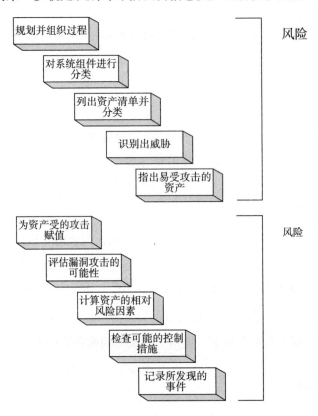

图 3-1　风险识别和评估的组成

一、资产识别和评估

从对资产进行识别时循环过程就开始运转了，它所包括的系统要素有：人员、软件与硬件、过程与数据以及信息等等相关要素，识别之后就对资产进行归类，然后再进行分析，在分析的过程中要加入一些细节部分。

（一）人员、过程及数据资产的识别

识别的信息有比较容易的也有稍微难一点的，像人力资源与文件资料以及数据信息的识别就比较困难，而识别软件与硬件资产相对容易。那些较难的识别工作需要交给具有经验与判断力的人员。将人员与过程以及数据资产确定以后，通过一些信得过的数据处理程序将其记录下来，不管记录的保存机制是哪一种，都必须确定该机制具备充足的灵活性从而说明该资产属于哪一种类别。在确定归属于哪一类信息资产的时候，还需要考虑到以下资产的属性：

（1）人员：位置名称；管理人；检查安全的级别；特殊的能力。

（2）过程：概括；目的；和软件与硬件以及网络元素之间的关系；引用的存储位置以及更新的存储位置。

（3）数据：类别；数据结构大小；使用的数据结构；创建者与管理者以及所有者；是否在线；备份使用过程。

（二）硬件、软件和网络资产的识别

应当对每一个信息资产进行追踪，掌握哪一类属性是取决于机构需求与风险管理，以及信息安全管理与信息安全技术团队的需求与优先权。在确定好追踪哪一种信息资产的时候，需要考虑到的资产属性非常多，如名称、序列号、MAC 地址、软件版本以及物理位置与逻辑位置等等。

二、信息资产分类

如表 3-1 所示，这是传统的信息系统组成（人员、过程、数据、软件与硬件）和改进系统的结合，其改进系统集风险管理与 SecSDLC 方法于一体。还有很多机构可以把所列的类别做更细的分析。如，保护设备（代理服务器与防火墙）、网络设备（交换机、路由器与集线器）以及电缆等。根据机构的具体需求可以将其他的各类进行详细的细分。

为了充分表示出数据的敏感性与安全优先等级，以及传输、存储与处理数据的设备，在这些子类别的基础上再加上一列。很多机构已经将数据分类模式建成了。像这种分类的例子也非常多，如内部数据与公共数据以及机密数据。如果是非正规的机构也必须要建立一个方便操作的数据分类模型。人员安全调查结构属于数据分类模式的另一方面，具体的信息等级查看权限还需要按照每一个人对于信息的了解程度来授予。

表 3-1　信息系统的组成分类

传统的系统组成	SecSDLC 及管理系统的组成	
人员	员工	信任的员工 其他员工
	非员工	信任机构的人员 陌生人

续　表

传统的系统组成	SecSDLC 及管理系统的组成	
过程	过程	IT 及商业标准过程 IT 及商业敏感过程
数据	信息	传输 处理 存储
软件	软件	应用程序 操作系统 安全组件
硬件	系统设备及外设	系统及外设 安全设备
	网络组件	内部联网组件 因特网或 DMZ 组件

三、信息资产评估

资产在进行分类的同时，还需要提出一些相关问题，用于确定信息资产评估以及对评估所造成的影响的权重标准。同时，还需要准备一个工作记录表，在提问与回答的时候将答案记录下来，便于以后分析。先要将评估信息资产价值的最佳标准确定下来在进行清单处理，同时需要考虑到的标准如以下几方面：

（1）哪种信息资产是最关键的成功因素？资产相对的重要性需要参考机构的任务或目标的陈述。从这些陈述中得出，哪些要素是实现目标的必然要素，而又有哪些要素对目标起支持作用，仅作为附属要素的又是哪一个。

（2）创造收益最多的信息资产为哪一项？依据某一项资产对机构的收益进行评估，再决定出重要的信息资产是哪项。

（3）获取利益最多的又是哪一项资产？根据某项资产来进行评估机构的获利。

（4）替换时最昂贵的资产是哪一项？只有当某一资产是独一无二的时候，它就具有一种特殊的价值与意义。

（5）保护费用最高的资产是哪一项？关于这个问题所需要考虑到的就是提供控制的成本有多高，很多资产本身就是非常难以保护的。

（6）被泄露出去后麻烦最大的信息资产是哪一项？

除此之外，还有一些公司特定的标准能够在评估时将资产的价值增加。那些标准也应该列入该过程当中，并对其进行描述与记录。想要把信息评估的过程完成，每一个机构都应该根据问题的答案赋予一个权重到每一项资产身上，这些被赋予的权重可以用数字来表示。

将评估价值与列出的过程完成以后，再利用一个简单的过程，把每一项资产的相对重要性计算出来，我们把这个过程称为权重因子分析。

四、安全调查

个人安全调查机构就是数据分类方案的另一方面。那么需要进行安全调查的机构当中，其每一个数据用户的授权等级必须要是单一的。以此来表明他们授权访问的分类等级。一般情况下是指每一个员工都有一个指定的角色，如程序员、信息安全分析员以及数据记录员，甚至是 CIO。很多机构都有众多不同的角色，而每一个角色都会有与之相关的安全调查。由此可见，Need-to-Know 原则相比于员工安全调查而言要更加重要，不管有没有在进行安全调查，员工都不可以任意查看安全等级内的任何部门数据，要做到"Need-to-Know"。

五、分类数据的管理

数据的存储与销毁或是转移都属于分类数据的管理。对于一些公共信息与未进行分类的信息必须要有显著的标记。同时，已进行分类的文件则需要在每一页的顶部与底部做好标记存储已分类的数据，这些文件不能随意打开，能访问的人只能是已被授权的人。一般情况下，该类文件存放在保险箱或者是保护硬拷贝和系统的设备锁上。携带分类信息的时候，不能惹人注目。

清洁桌面政策（clear desk policy）是一项较难执行的控制政策。所谓清洁桌面政策就是指下班的时候员工要把所有的信息都存放在适宜的存储器当中。如果这些分类信息备份没有价值或重复时，要想将多余的备份销毁必须要具有双重签名确认。

六、威胁识别和威胁评估

识别完信息资产并进行初步的分类以后，接下来就是对机构可能面临的风险进行分析。机构不仅要将现实存在的威胁调查出来，还要对其威胁等级进行分类，威胁程度不大的先搁置一旁。若调查出来的威胁都很严重，很有可能攻击到每一项信息资产时，解决方案就不会是那么简单了。

如表 3-2 所示，这是一些常见的信息安全威胁。

表 3-2　信息安全的威胁

威胁	实例
A. 人为过错 / 失败的行为	出现意外事故或员工的过失
B. 侵权与损害知识产权	版权侵害
C. 间谍或者蓄意入侵的行为	未经授权访问、收集保密信息
D. 企图敲诈信息的行为	利用泄露的信息进行勒索
E. 企图损坏的行为	将信息或系统破坏
F. 蓄意剽窃偷盗的行为	使用非法手段盗取设备
G. 对软件进行恶意攻击	病毒、宏、拒绝服务
H. 自然灾害	火灾、地震、噪声等
I. 供货商的质量差	电源或 WAN 服务出现问题
J. 技术硬件故障	设备出毛病
K. 技术软件故障	代码问题，以及出现漏洞
L. 技术被淘汰	老旧过时的技术

在检查信息资产的威胁时，表 3-2 中的每一项威胁都需要进行严格检查，还要评估其对于机构存在的潜在危害，我们把这种检查称为威胁评估。针对以上这一系列威胁可以提出几个基本的问题，具体如下：

A. 同等的环境下，对机构资产危害最大的威胁是哪一种？

B. 哪一种威胁防范方法的消费最大？

C. 在成功攻击中进行恢复至少需要多少费用？

D. 对于机构的信息来说，最危险的是哪一种威胁？

通过回答上述问题，给威胁评估建设一个基本框架。影响信息安全威胁评估的所有方面并不能通过上述问题覆盖。若机构有解决问题的明确政策，将会对整个过程造成一定影响，并且提出额外的问题。上述的问题列表很容易扩展，从而将其他问题涵盖进去。

七、漏洞识别

机构信息资产进行识别之后，就要为评估它们可能会面对的威胁从而建立出一些标准，与此同时，要对每一项信息资产可能会遇到的威胁进行检查，并将漏洞列表建立起来。何为漏洞？所谓漏洞在这里就是指威胁用来攻击资产的途径。信息资产就像是一副铠甲，而漏洞就是铠甲上的裂缝，即信息资产或安全程序等等当中的缺陷，这些缺陷可能当时不大，但不去处理可能就会被变大，使铠甲失去安全性，就等同于信息资产的安全被破坏。

第三节　风险评估与风险控制

对机构中信息资产的威胁与漏洞识别以后，下一步就是对漏洞中的相关风险进行评估了。该过程就是风险评估。在进行风险评估的时候，首先就是给每一项信息资产分配一个风险等级或者用分数来代替。该数字主要是用于评估每一项容易受到攻击的信息资产的相关风险，在绝对术语里面是不存在任何意义的，它可以在控制风险时用于促进等级比较的发展。

一、风险评估概述

风险＝出现漏洞的可能性 × 信息资产的价值 − 当前控制减轻的风险概率 + 对漏洞了解的不确定性。

公式里面的出现漏洞的可能性就是指机构内漏洞被攻击的概率。成功攻击漏洞的可能性在风险评估中需要有一个指定的数值。按照国家标准和技术协会在"Special Publication 800–30"当中的推荐，该可能性应该指定在0.1 ~ 1.0间的某一个值。如，室内被陨石击中的可能性为0.1，在明年收到一封带病毒的电子邮件的可能性为1.0。或者选择采用1100当中的某一位数字，但需要注意的是，0是不可以用的，因为0的意思就是指没有概率，那么可能性为0的漏洞已经不在资产当中了。

二、信息安全风险评估原则

信息安全风险评估的原则主要有四个方面。

（一）自主

所谓自主就是指管理以及指导信息安全风险评估的人属于机构内部的。指导风险的管理活动以及安全工作的决策都是由他们进行负责。使用这种方式可以使评估考虑到本机构独一无二的环境与情形。自主的要求：

（1）负责信息安全工作，领导信息安全风险评估，管理评估过程。

（2）最后将安全工作的决策做出来，其中包括需要改进的地方以及采取什么行动。

（二）适应度量

灵活的评估过程是不会限制于当前威胁源的严格模型，也不会限制于目前所公认的"最佳"实践，因为它能够在变化多端的技术与进展中适用自如。在评估的过程中需要一个适应能力非常强的度量集，因为不论是信息安全还是信息技术更新换代的速度都非常快。适应度量的要求如下：

（1）安全实践与已知威胁源，以及技术缺陷目录都要定义被公认的。

（2）评估过程要适应于信息目录的变化。

（三）已定义过程

已定义的过程将信息安全评估程序依赖于已定义的标准化评估规程的需要给描述了出来。使用已定义的评估过程不仅能够帮助过程进行制度化，还可以确保评估的应用达到一定的一致性。一个已定义的过程其要求如下：

（1）可以给执行评估分配责任。

（2）将所有的评估活动定义出来。

（3）可以为记录评估的结果建立通用格式。

（4）将评估中需要用的工具、工作表以及信息目录给规定出来。

（四）连续过程的基础

机构如果想要将自身的安全状态进行相应改善，就必须要实施基于实践的安全策略与措施。机构在实施基于实践的解决方案后就可以开始把最佳的安全实践制度化，让它成为日常开展业务途径中的一分子。安全改进并不是一蹴而就的，而是一个持续的过程，而信息安全风险评估的结果就为持续改进这一过程奠定了基础，这还需要：

（1）利用已定义的评估过程将信息安全风险标识出来。

（2）将信息安全风险的评估结果实施出来。

（3）慢慢开始培养信息安全风险的管理能力。

三、风险评估的过程

（一）信息资产评估

机构当中每一项信息资产的价值可以通过信息资产识别中所得到的信息将权重分数指定出来。具体使用的数字根据机构的需要而来。有些团体的权重分数使用1~100，而100表示几分钟之内就会使公司的信息资产停止运转。还有一些团体使用1~10的权重分数，低、中与高价值资产可以用1、3与5来表示。具体的权重值可以按照自己的需要来建立。

（二）风险的确定

上文提到过，风险＝出现漏洞的可能性 × 价值（或影响）－已控制风险的比例＋不确定因素，譬如，若信息资产A价值为50，存在一个漏洞，漏洞的出现概率为1.0，当前状态是没有控制风险，可以估计该数据与假设的准确率为90%。信息资产B价值为100，漏洞有2个，它们出现的可能性为0.5，已控制风险比例为50%；漏洞3出现的可能性为0.1，无控制风险，那么估计该假设与数据的准确率为80%。

可以将这三个漏洞的风险等级分为以下三种：

资产A：漏洞1的风险等级55＝（50×1.0）－0%+10% 其中：

$$55 = （50 \times 1.0）-（50 \times 1.0）\times 0\%+（50 \times 1.0）\times 10\%$$

$$55 = 50-0+5$$

资产B：漏洞2的风险等级35＝（100×0.5）－50%+20% 其中：

$$35 = （100 \times 0.5）-（100 \times 0.5）\times 50\%+（100 \times 0.5）\times 20\%$$

$$35 = 50-25+10$$

资产B：漏洞3的风险等级12＝（100×0.1）－0%+20% 其中：

$$12 = （100 \times 0.1）-（100 \times 0.1）\times 0\%+（100 \times 0.1）\times 20\%$$

$$12 = 10-0+2$$

（三）识别可能的控制

不管是威胁还是残留风险的相关漏洞，都需要将控制计划的初步列表给建立起来。所谓残留风险就是指已经使用了一次控制方法，还残留在信息资产中的风险。

访问控制属于控制当中的一种独特应用，主要是控制用户进入机构的信息区域。信息区域包括了信息系统以及物理限制的区域，譬如机房。其组成部分主要是政策与计划，以及技术。

访问控制的方法非常多，强制性的、任意或非任意的都是。但是不同的方法所对应的是与之相关的控制，对某一类信息或者信息集合的访问进行管理。

（四）记录风险评估的结果

风险评估过程完成以后，可以得到一份包含信息资产各种数据的信息资产列表。直至今日，该过程的目标还是为了将机构中的漏洞信息资产给识别出来，然后再将它们列出来，给它们进行排序，按照最需要进行保护的顺序排列。列表中需要体现到的信息很多，因此，在这之前还要将资产面临的威胁与以及包含的漏洞，还有已有控制的信息等等都收集起来。最后再进行总结，得出来的文件就是漏洞风险的等级表，如下表 3-3 所示。

表 3-3　漏洞风险等级

资产	资产影响或相关价值	漏洞	漏洞出现的可能性	风险等级因子
通过电子的客户服务请求（输入）	55	由于硬件故障而导致电子邮件中断	0.2	11
通过 SSL 客户订单（输入）	100	由于 Web 服务器硬件故障而导致订单丢失	0.1	10
通过 SSL 客户订单（输入）	100	由于 Web 服务器或 ISP 服务故障而导致订单丢失	0.1	10
通过电子的客户服务请求（输入）	55	由于 SMTP 邮件转发攻击而导致电子邮件中断	0.1	5.5
通过电子的客户服务请求（输入）	55	由于 ISP 服务失败而导致电子邮件中断	0.1	5.5
通过 SSL 客户订单（输入）	100	由于 Web 服务器拒绝服务攻击而导致订单丢失	0.025	2.5
通过 SSL 客户订单（输入）	100	由于 Web 服务器软件故障而导致订单丢失	0.01	1

从表 3-3 当中可以看到每一类资产的风险等级，可以看出哪些资产是易受攻击的，哪些是安全性比较高的，也将权重因子分析表中此项资产的价值给显示了出现。在这个例子当中，数字是从 1 到 100，同时将每一个不可控制的漏洞与出现的可能性列了出来，并计算出风险等级因子。在表格当中能看出，易受攻击的邮件服务器是最大的风险来源。虽然客户服务电子邮件所代表的资产其影响等级只有 55，但由于硬件故障率已经非常高了，使其成了当前最迫切需要解决的问题。

风险识别过程完成之后，该过程的文件需要包含的内容是什么呢？该报告的作用理应在风险识别规划的过程中确定出来，那些准备报告的负责人与报告检查的人员。风险管理过程的下一个环节，即评估并控制风险工作需要的初始文件就是漏洞风险登记表。如表 3-4 所示，该表展示了信息安全项目准备的标本表。

表 3-4　风险识别及评估成果

成　果	用　途
信息资产分类表	集合信息资产以及它们对机构的影响或价值
权重标准分析表	为每项信息资产分配等级值或影响权重
漏洞风险等级表	为每对无法控制的资产漏洞分配风险等级

四、风险控制策略

当信息安全威胁风险已经开始产生恶性竞争并被管理人员发现时，信息技术与信息安全利益团体是一种控制风险的方法，可以利用这种途径进行控制。若信息安全发展项目组将漏洞等级表策划出来了，就可以使用以下四项基本策略当中的一种，从而将漏洞风险控制起来。以下就是四个策略：

（1）采取有针对性的安全措施，将漏洞的不可控制的残留风险加以消除，若不能消除则尽可能地减少（避免）。

（2）第二种方式是将风险移植到其他的区域去，或者是将其转移到外包公司等等（转移）。

（3）若漏洞没有办法避免，那只能尽可能地将其减少，减少漏洞就等于把损坏减到最小，这也是一种控制的方法（缓解）。

（4）在对风险可能会带来的后果有了足够的了解后，找不到适合的措施，就坦然接受风险（接受）。

（一）避免

所谓避免就是尽可能阻止一件事发生，而这里的避免就是指尝试阻止漏洞变成威胁的一种风险控制策略。一般在发现漏洞的时候，选用的第一种方法就是避免，与威胁面对面交战，将资产中的漏洞都排除出去，限制其访问资产，从而加强对资产的安全保护。避免风险的常用方法有以下这三种：

（1）使用相应的政策进行避免：通常是管理人员将这种方法的特定步骤颁布出来。如，若机构的控制密码需要更加严格，那么就需要颁布一项政策，所有的 IT 系统都必须使用该密码。但是只靠政策来维护是不切实际的，还需要有相应的教育培训，或者相应的技术，将两者结合起来一起运用，效果更加显著。

（2）教育培训：如果连员工都对政策不熟悉，那么还有什么意义呢。因此，必须要加强员工的培训，使其对政策以及技术都了如指掌，运用自如。只有经常性地进行培训，才可以让员工加强安全意识与认知。

（3）技术的应用：相应的技术策略是信息安全中减少风险的另一途径。若密码能够用在绝大多数的现代操作系统当中，而另外一些系统管理员没有配置系统，那么使用改密码。若政策要求需要使用密码，而管理员也认为这是一件非常有必要的事情，并且还参与了相关培训，那么该类技术控制的使用就会非常成功。

将威胁彻底消除不是不可能的，只是难度非常大。可以利用对抗威胁的方式或全面隐蔽资产的方式来避免风险。若实现安全控制与防护，系统的攻击发生偏移，这也是一种避免风险的有效方法，一旦攻击偏离，那么攻击的成功率也随之降低了。

（二）转移

将风险迁移到其他的资产、其他过程或者其他机构上去的这种控制方式被称为转移。它的实现方式有很多种，例如：外包给其他机构、购买保险、修改部署模式以及与提供商之间签订服务合同等等模式。

在"In Search of Excellence"这一畅销书当中，其管理顾问 Tom Peters 与 Robert Waterman 就举例说明了很多高效率公司的实例。优秀的机构身上具有八个特点，"只管自己的事情"就是八个特征当中的一个。对了解的业务需要保持合理的关注度。其蕴意就是，机构是做什么的就只需要关注好与自己相关的东西就好，如通用汽车公司只关注汽车与卡车的设计。它们会把有限的精力与时间以及资源全部运用在其优势的业务上，而不会把精力与时间耗费在开发软件的技术上，其他专业的问题则交给专业的顾问以及承包商来完成。这种做法非常合理，专业的事交给专业的人，不仅可以专心研究专业相关的业务，其他的业务也不落下，机构只要达到了一定的程度，就需要考虑这种方法，包括信息与系统管理，以及信息安全。若机构本身没有质量安全管理人员或者这方面的经验，则可以聘用该专业技术的人才或公司。如，很多机构都需要 Web 服务，其中包含了 Web 内容、域名注册以及域和 Web 主机。聪明的机构不会自己来管理，而是聘请专业人士，如 Web 管理员、专业安全专家等，让这些专业技术人员来提供相关服务。

如此一来，管理复杂系统的风险与威胁就自然而然地向另一个机构转移了。使用专业合同也有很多好处，一来，提供商需要对灾难的恢复进行负责，二来可以通过服务级别来协定，保证服务器与网站的实用性强。虽然这是一种精明的方法，但并不表示外包就没有一丝风险。信息安全组与 IT 管理人员，以及信息资产的所有者都要确保外包合同里面对于灾难恢复的要求需要足够得多，而且还要在进行恢复工作之前就得到满足。若外包机构没有照合同条款履行相应责任，那么可能会带来一个无法预计的糟糕结果。

（三）缓解

所谓缓解就是指在漏洞发生之前事先将准备工作策划出来，尽可能将漏洞的影响缩小，也是一种有效的控制方式。它包括了事件响应计划（IRP）与灾难恢复计划（DRP）以及业务持续运作计划（BCP）这三类计划。而这三类计划都是由尽快检测与响应攻击能力所决定，而且还寄托于其他计划的制定与质量之中。缓解最早是在攻击与机构快速、高效的响应能力当中所起源而来的。其策略如下表 3-5 所示。

表 3-5 缓解策略

计划	描述	实例	何时使用	时间范围
事件响应计划（IRP）	在事件被攻击的时候机构及时采取行动	①发生灾难时所采取的措施 ②将各类情报收集起来 ③将信息进行分析	安全事件／灾难发生的时候	马上做出响应
灾难恢复计划（DRP）	在火灾发生前或已发生的过程中制定好减少损失的措施；使其恢复常态的指导方针	①恢复丢失数据的过程 ②重建丢失服务的过程 ③保护系统与数据的结束过程	事件被确定为灾难的时候	短期内恢复
业务持续性计划（BCP）	火灾等级超出 DRP 的恢复能力时，要保证所有业务动作持续运转起来	①将下级数据中心的准备步骤开启 ②建立远程服务位置的热站点	灾难确实会影响到机构的正常工作之后	长期内恢复过来

（四）接受

如果说缓解是尽可能地拖延风险，那么接受就是指坦然面对风险，不对漏洞采取任何保护措施，坦然接受漏洞所带来的一切后果。我们不能说这是一个不明智的选择，但是也不能否认。机构在什么情况下才能使用该策略呢？具体情况如下：

（1）把风险的等级确认以后；

（2）对攻击的可能性有了初步评估；

（3）已经掌握了攻击带来的潜在破坏；

（4）将成本效益进行了全方面的分析；

（5）确定了某些可能受破坏的服务、信息或资源等不需要被保护；

（6）将每一种控制的可能性都进行了有效评估。

只有在保护的资本抵不上安全措施的消耗时，就可以进行采取"接受"的方式。

接受不是解决所有漏洞的处理方式，若哪个机构对于每一个已识别的漏洞其处理策略都是使用这种方式，那只能证明该机构没有能力进行安全措施，可以说对于安全方面是一种无知的表现。无知不是福气，如果员工客户的信息被泄露，机构是脱不开干系的，很有可能还会面临被起诉。作为信息安全管理员，也不能抱有"我不对信息采取任何保护，攻击者就不会来攻击系统，攻击得不到任何有价值的信息"，这属于一种掩耳盗铃的错误思想观念。

第四章

物理安全保障性研究

第一节　访问控制

访问控制系统与它的方法论需要解决的问题与课题涉及了准许或者限制用户访问资源时的标识、监控以及授权。我们把所有硬件以及软件、程序或者组织管理策略对访问进行的限制或者授权称为访问控制，同时，监控与记录访问的企图和标识用户的访问企图，确认访问有没有经过授权。

一、访问控制综述

把资源的访问控制好是有关于安全性的核心话题。访问控制牵扯到的问题比起简单地控制哪些用户能够访问哪些文件这种问题不仅数量多得多，而且要更复杂。主体与客体之间如何进行结合的一种管理就是访问控制。我们把从客体到主体间的信息传送的这个过程称为访问。何为主体（subjects），就是指活动的实体，它可以利用访问操作的方式，找到与被动实体相关的信息，或者在被动的实体中找到相关数据信息。所谓的被动实体就是指客体（objects）。如，文件、用户、进程、计算机、数据库等等这类都可以作为主体；而客体也可以是文件、用户、计算机、程序以及存储介质等等。主体主要是用于接纳有关客体的相关信息，亦或者是接收来自客体里的一些实体数据。主体又是能够使客体信息发生变化的实体，或者说将客体中的数据产生变化的实体。与主体的作用不一样，客体只能是控制或提高信息与数据的实体。值得注意的是，主体与客体进行交流通信，履行同一项任务的时候，可以将两个实体的角色进行转换，例如，程序与数据库、处理过程与文件等。

客体即信息与数据的保密性与可用性以及完整性非常需要访问控制的保护，如果没有访问控制这一层保护膜，那么客体就很有可能会遭受到破坏。而广泛的控制可以利用术语访问控制来形容，它所包含的内容有，强制用户出示有效的用户名与密码方可登录，避免用户得到超出访问权限的资源并对其进行操作。

可以将访问控制分成以下三个类别：

第一，防范性的访问控制。为了避免出现不必要的未经授权而出现的错误操作，进行防范性的访问控制是很有必要的。俗话说，防患于未然，有了一定的防范性就会省去很多麻烦。防范性的访问控制又包含了安全策略、防患、安全感知训练以及反病毒软件等。

第二，探查性访问控制。为什么要进行探查性的访问控制，也是为了避免出现未经授权的操作现象发生。想要提前预知一切可能发生的错误性事件，适当性地进行探查是非常有必要的。举例说明，探查性的访问控制就是指监督用户、安全性保护、攻击监测系统等等。

第三，修正性访问控制。修正顾名思义就是指某件不好的事情发生以后对其进行改良纠正过来。而修正性访问控制的作用也就是一些未经授权的操作出现以后对系统进行修正，使其恢复正常。这就叫有备无患，当一些本应避免的事情发生后，马上对其进行修改，将损失减到最小。如，修正性访问控制就是指报警、安全策略等等。

实现访问控制又可以依据行政、逻辑/技术与物理这三种形式进行分类。

第一，行政性访问控制。所谓行政性访问就是指它所制定的策略与执行过程是依据机构的安全性策略所说的。譬如，它包括了执行过程、策略、背景调查、数据分类、工作监督以及人员管理与测试等等。

第二，逻辑性与技术性访问控制。逻辑性与技术性访问控制是硬件或者软件的机制，不仅可以管理对资源与系统的访问，还可以对这些资源与系统提供保护。逻辑性与技术性访问控制包括密码、加密、防火墙、路由器、协议、检测入侵的系统等等。

第三，物理性访问控制。它是一种物理的保护作用，主要用于保护对系统的直接访问。它包括加密的门、刷卡、摄像机、报警器、防护等等。

由此可见，主体对客体的访问被访问控制所操控着。以上这几个过程其第一步都是要标识客体。对客体进行访问前还有这几个步骤需要实施：标识、验证、授权以及责任衡量，其意义如下：

标识（Identification），就是指主体表明身份后，对其进行责任衡量的这样一个过程。所需要提供的信息有：用户名、登录的 ID 以及个人的身份证号码（Personal Identification Number，PIN）或者智能卡用户将标识的过程描述出来。当主体完成标识过程后，接下来身份标识对主体所进行的下一步操作就由这个身份标识所负责。信息技术（Information Technology，IT）系统不是经过主体自身进行跟踪实际操作，而是通过身份标识来跟踪。虽然计算机不认识我们，但是操作者的用户账号它还是可以分辨出来的。

验证（Authentication），就是指检验与测试这个称为身份标识的有效性的这样一个过程。仅仅只有身份标识是不可以进行验证的，它还需要主体提供其他的一些与身份标识所指示的内容完全相符的信息。密码是最常见的一种验证形式，除此之外，还有以下三种形式的信息可以用来进行验证。

第一种类型。类型一验证因素就是指一些常见的内容，大家都知道的内容，如个人身份证号码（PIN）、密码、"你叫什么名字"等等诸如此类的内容。

第二种类型。类型二验证因素就是指操作者的具体内容，如凭证设备、内存卡等等。或者是一些物理位置，例如"你在哪里"等这类因素。

第三种类型。类型三验证因素就是指操作者所具体的一些指纹。掌纹、声音以及面部形状等等内容。

身份标识与验证因素的登录证书被提交给了系统之后，系统就会对它们进行核对，看能否在系统中身份标识数据库当中找到该身份标识，一旦找到，且验证因素也无误，那么该主体就通过了验证。

并不是主体通过验证后就完事了，访问必须要通过授权。授权（authorization）这一步就是指目标访问的身份标识（我们将其看作这里的主体）已经通过验证了或者是被请求的操作已经被确定了，到授权的过程已经是赋予了权利。一般情况下，系统会提供一个访问控制矩阵，让其对主体与客体（目标）和预计的操作做比较，若可以进行指定的操作，那就证明主体将获得授权；若指定的操作不被允许进行，就很遗憾，该主体不可以被授权。

因此，这一点需要牢记，主体经过了标识与验证，也不能表示能够获取授权。于主体而言，能够登录到网络去（已经经过标识与验证）在访问文件时不被允许，或者从打印机上打印存在可能性（如，该操作没有被授权）。很多网络用户的操作权限都受到了限制，他们只被授权了一组资源，因此，只能执行一些有限的操作。身份标识与验证可能是访问控制的全部方面也可能不是它当中的任何方面。每一个独立的主体与客体在环境当中处于一个是全部或者什么也不是的局面之间，授权的区别非常大。用户虽然能够读取文件，但不能将它删除。用户可以将文档打印出来，但是想要对文档进行队列修改是不可以的。用户可以登录到系统当中去，但是访问任何资源的权限都没有。

要了解身份标识与验证以及授权间存在的区别是非常有必要的。这三种之间虽然极其相似，也是所有安全机制的本质内容，但是它们的性质与意义是完全不一样的，必须要分清楚，不能将它们混为一谈。这些功能会在本章的后续内容中进行详细解说。

想要正确执行机构的安全策略，就必须要在支持责任衡量的情况下进行。换言之，就是指只有当主体对它们的操作具有责任的时候，安全性可能给得以保证。有效的责任衡量是在什么情况下发生？就是指依附在检验主体身份以及跟踪其操作能力上的责任衡量。由此得出，责任衡量主要是建立在身份标识、验证、授权以及访问控制与审核的概念上。

二、身份标识和验证技术

身份标识的概念并不复杂，相反十分简单明了。主体必须要对向系统提供身份标识，才能使其进行验证、授权以及责任衡量。身份标识的方法很多，如刷卡、提供用户名，或者是将手掌或者指纹放在扫描设备前进行识别等等。若不提供身份标识，那么系统将无法把验证内容和主体联系在一起。主体的身份标识经常被看作是公共信息的典范。

如何进行身份验证，主要就是将主体的身份与数据库中的有效身份的一个或者多个因素进行核实验证。那些用于核实身份的验证因素经常被认为是一些不可公开的信息。系统和主体对身份验证具有一定的保密性能力，因为如果不够保密会危及系统的安全性，因此，这个保密性的能力对系统安全性的级别具有直接影响力。

身份标识与身份验证常放于一起，成为一个单一的双步过程。提供标识符号就是第一步，而提供身份验证的因素就是第二步。这两步缺一不可，没有这两步主体就不可能得到访问系统的授权，若只有其中一步也是没有任何意义的，因此，它们是互为一体的。

一个主体不限于提供多少验证信息，一种类型或多种类型都是可以的。而每一种验证技术或者因素都有其独一无二的优点与缺点，这也验证了那句话"金无足赤，人无完人"。所以，要依据将要运动的环境对每一种算法进行评价估量，这对于它能不能适应生存环境而言是非常重要的。

（一）密码

密码是一种最常见的身份验证技术，同时，密码也被公认为是保护形式中最弱的一种。为什么密码会成为一种不安全的算法呢，其主要原因包括了以下这几点：

（1）为了便于记忆，用户常使用的密码都是比较容易的，而这些容易的密码也易于被猜出或解读出来。

（2）那些随机生成的密码虽然复杂，但用户为了不遗忘，会将它们记录下来。

（3）密码有这几个缺点：遗忘、被记录、共享。

（4）密码很容易被盗窃，例如，通过录音、观察、偷盗安全数据库等。

（5）密码传递方式经常是一种容易破解的协议或者明码的形式。

（6）密码库常保存在一些随时可以访问到的公共场所中。

（7）简单的短密码可以被暴力攻击所击破。

当然，并不是所有的密码都存在这种隐患，只要密码设计得比较巧妙，而且在管理上也非常谨慎，那么它们的有效性还是很强的。密码又分为静态密码与动态密码两种类型。所谓静态密码顾名思义就是不变的，而动态密码会在一段时间内或者在使用后发生变化。一次性的密码或者是专用密码属于两种不同的动态密码，使用时，它们都会发生改变。更改密码的需要会随着维护安全性方面的重要性的增长而随之频繁。如果密码保持静态的时间越长，那么同一密码就被经常性地使用，这种情况下，泄露密码的可能性就会越大。

采用口令短语的密码会相对有效。所谓口令短语就是指一连串的字符，长度要比普通的密码长。将口令密码输入进去以后，系统将会在使用验证过程的时候将其转化为虚拟的密码。为了便于记忆，口令短语常用一些经过修改后的母语语句代替，如，"She $e11$ C shells ByE the c-shor"。

还有一种有意思的密码算法就是感知密码。所谓感知密码就是指，设置一系列只有主体才知道答案或者定义结果的问题。一般情况下，主体可能会设置三个左右的以下这些问题：

（1）我爸爸是哪一天生日？

（2）高三的数学老师是谁？

（3）现在在哪家公司上班？

（4）最喜欢的篮球运动员是谁？

（5）最要好的朋友叫什么名字？

诸如此类只有主体才知道答案的问题。

主体想要通过身份验证就必须将这些问题的正确答案回答出来。系统每一次提问都不会问同一系列的问题，这也是感知密码最有效的一点。而它存在的最大问题就是，用户在注册的时候要将这些问题都回答一次，而正式登录时还需要再回答一次，如此一来，就将登录的时间增长了。

很多系统都有密码的策略，可以自行将密码的特性进行限制或规定。限制又包括了最大与最小期限以及最小长度，还需要用上三种以上的字符类型（即大小写字母、符号、数字等）与防止密码进行重复使用。若要增加安全性需求时，同时也要加强这些限制。

当然，并不是说密码限制软件强制非常强大了就没有密码泄露的隐患了，因为任何时候密码都有可能被破解。因此，组织机构的安全性策略必须要定义出密码不轻易被破解的需求，和不轻易被泄露、破解的密码是什么。由此可见，对用户进行一定的安全性培训是很有必要的，如此一来，用户才会将机构的安全性策略重视起来，并遵守其规定。制定密码的最终权限还在用户自己手上，为了让他们制定出来的密码不易被破解，给他们提供以下几点建议：

（1）不要使用一些容易被人识别的代码或符号，如用户自己的名字、登录名、电话号码、邮件地址等等。

（2）禁止使用行业缩写或字典里的词语。

（3）使用字母时，要交叉使用，可以利用数字来替代字母。

（4）要使用非标准的大写与拼写方法。

具有恶意的用户与攻击者会使用以下这些方法来获取密码，如：网络传送内容进行分析、访问密码文件，暴力攻击或字典程序攻击以及社会工程学等。所谓网络传送内容分析就是指在用户将身份验证的密码输入进去的时候，攻击者将网络传送内容进行截获，即被探测。若密码被攻击者所破解以后，他就会把这个有密码的包发送给网络，从而获取访问网络的权限。若攻击者获得了对密码库这个文件的访问权限，那他就可以对这个文件为所欲为，将其内容拷贝以后，还可以利用密码破解工具来盗取用户名以及密码。所谓暴力攻击与字典程序攻击就是一种攻击密码的类型，采用这种类型的攻击可以将盗取来的密码库文件或者系统的登录提示来进行全面的攻击。字典程序攻击法，攻击者可以利用常用的一些密码与字典中的某些词汇所组成的脚本，试图对用户账户的密码进行破解。而暴力攻击中，攻击者会尝试将所有的字符组合在一起从而系统地测试，目的也是攻破用户账户的密码。所谓社会工程学攻击，就是指攻击者对用户实行欺骗手段，常常是以通电话、对系统实施一些特定的操作（建立一个虚拟的雇员用户账号）展开对系统的攻击。

可以利用以下几种方法将密码的安全性增强。第一种就是闭锁账户，就是指在密码输入错误登录失败达到一定次数的时候，将用户账户关闭起来。这种方法可以防止字典程序与暴力攻击，一定攻击者在登录系统时，提示次数过多，就无法对账户进行登录尝试。若登录企图达到了限制，系统会弹出一则消息，将最后一次成功或者失败登录企图的时间、日前、具体位置（如，计算机名、IP 地址等）。如果一旦发现自己的账户有被盗的风险立即将该信息报告给系统的管理员。可以进行配置审核（Auditing），追踪此次登录的成功或失败。利用入侵系统将登录提示的攻击识别出来，然后通知管理员。

增强密码安全性的方法还有很多，可以利用密码的验证来实现：

（1）可以利用单向加密的最强形式对密码进行存储。

（2）一定不要允许密码能够以明码的形式或者是以较弱的加密能力在网络中进行传递。

（3）将密码验证与密码破解的工具使用在自己的密码库文件中。并要求一切容易被破解的密码的账户将原始密码进行更改。

（4）将短时间内不需要用到的账户关闭，而再也不需要用到的账户永久删除，避免被别有用心的人利用。

（5）对用户进行不定期培训，提醒他们维护安全性与使用一些难以被攻破的密码有多重要。如果有记录或密码共享的用户，要特别警告他们。为用户提供一些巧妙的技术，不仅能够将维护安全的工作减轻，还可以避免攻击者利用键盘记录而破解密码。如何才能建立起难以被攻克的密码？针对该问题提供可行性的建议。

（二）生物测定学

生物测定学也是验证与身份标识的一种常用方法。它的验证范畴就是关于"你是什么"与"你有什么"这类问题。生物测定学类型的因素非常多，如面部扫描、虹膜、视网膜扫描以及手掌扫描（一般会将其认定为手掌的外形或者特征）和有语言取样、签字的力度等。它必须要有一个因素是主体所独有的行为或者是主体生理上的某种特有特征。

生物测定学可以当作是一种身份标识与验证的技术被使用。通常情况下，生物测定学的一个因素常用来替代用户名或者账户 ID 来作为一种新的身份标识，就需要生物测定学取样对已被储存的取样数据库当中的内容进行一对多的查找。生物测定学作为一项新的身份标识技术常用于做物理的访问控制。同时，将其作为验证的技术，就需要生物测定学取样与已储存取样之间保持主体的身份进行一对一的对应。它作为一项验证技术常被用于逻辑访问控制当中。

生物测定学本身就被赋予了美好的愿望，使用它可以确定对世界上的任何一个人所提供的身份标识都是独一无二的。但遗憾的是，目前的生物测定学技术还没有将这一美好的愿望所实现。生物测定学即将被使用，它必须要保持绝对的灵敏。如果将生物测定学作为身份标识的一种方法，那其设备所读取出来的信息的精准度必须要达到非常高，譬如，人视网膜中血管发生的变化，人声音当中的音质与音调变化。

能够对生物测定学设备效果产生影响的除了其灵敏度之外还有一些其他的因素，如处理能力与认可以及时间。如果主体没有登记或者注册，那生物测定学就不能够作为身份标识或者验证机制而使用，因此，必须要对其进行注册。换言之，主体的生物测定学不仅要取样，还必须要储存在设备数据库当中。而采用哪种检查或者性能特性在一定程度上决定了扫描与存储生物测定学的耗时是多少。如果生物测定学机制的登记时间超过了两分钟，那用户是绝对不能接受的。假设生物测定学的特性会随时间的变化而发生变化，那登记在超时后就必须要重新进行，例如，人的语调、签字方式的变化。

若主体被登记后，其处理的能力就是依据系统扫描与处理主体的时长而定。生物测定学处理的时间越长，就表示其特性越是详细。主体一般接受处理能力的时间是六秒钟或者低于这个时间。

主体一般都是靠主观感觉来接受安全机制的，如隐私、侵害以及心理与生理上的不适。主体还有可能会通过对生物测定学扫描设备关注其带来的体液交叉与披露的健康问题。

（三）标记

所谓标记就是密码生成设备，也是主体所必须要带在身上的物品。标记设备就是"你有什么"的一种形式。它可以是一种静态的密码设计，例如 ATM 卡。如果你想要使用 ATM 卡，就必须提供标记（ATM 卡）与个人身份证号码（PIN）。它还可以是一种动态密码设备与一次性的密码设备，就像那种较小的计算机一样。可以向你显示出向系统所输入的一连串符号（密码）。

标记设备的类型有以下四种：

（1）同步的动态密码标记；

（2）静态标记；

（3）异步的动态密码标记；

（4）质询响应标记。

所谓同步动态密码标记就是指在固定的时间间隙当中所形成的密码。同时，这个时间间隙必须要在验证服务器上的时间与表及设备上的时间一致时才可以。所生存的密码不是立马就能被传送到系统当中，而是需要由主体联合 PIN 一起，然后经过设定的口令或者密码将其输入系统当中才能生效。改密码可以提供身份标识，而 PTN 或密码则提供身份验证。

静态标记的表现形式有很多，如刷卡、软盘、智能卡等，或者类似于钥匙一般的物品。静态标记主要是采用一种物理的方式来表明身份。它的验证还需要提供一些其他因素，例如，生物测定或者密码。很多静态标记的设备不仅仅只有一层密码，它具有多层保护，如加密密钥、加密的登录证书等等。加密密钥又可以作为一种身份标识与验证机构。加密密钥这种方式很难被破解，因此，在进行加密密钥的时候要签署加密协议对此进行保密，而它仅存在于标记当中。静态的密钥经常被作为一种身份标识的设备，并非身份验证的因素。

所谓异步动态密码标记就是附于出现的事件上所生成的密码。主体在验证服务器与标记上压制一个密钥才能形成事件标记。该动作要在生成新密码值之前进行。将生成的密码与主体的 PIN 以及通行的口令或者密码输入进去以后即可验证身份。

所谓质询响应标记就是指基于验证系统的指示上所形成的密码或者响应。而身份验证系统所显示出来的质询会以代码或者通行口令的形式显示出来。将质询输入标记设备当中，标记就会附于质询上将响应生成，随即将响应输入系统当中，然后进行身份验证。

相较于独立的密码验证而言，标记验证系统显然要更难被破解，属于一种高难度击破的安全机制。它的身份标识一般都是由两个或两个以上的因素而建立起来的，而且还要提供验证。因此，不仅需要知晓用户名与密码、PIN 等这些内容，主体还必须要掌控在标记设备的物理掌控当中。

虽然标记系统难以被破解，但并不代表它不存在任何威胁，如果出现设备被损坏，或者电池用尽的这种情况，那么标记系统还是会失效，与此同时，主体也还是没有访问权限。还有很多种可能会发生，如标记设备被盗或丢失。如标记系统受到损伤，不仅很难找到替代的，而且价格上也会非常贵，所以，对标记进行妥善的存放与巧妙的管理是非常有必要的。

（四）权证

所谓权证（tickets）验证就是指借用第三方实体验证身份的方法，提供验证。

在麻省理工学院的 Proiect Athena 下所开发的一款权证系统是目前最常用到的同时也是最有名的一种，叫作 Kerberoso。"Kerberoso"名字的是从希腊的一个神话当中来的。有一只名叫 Kerberos 的三只头的狗，它是守护通往阴间大门的使者，它的脸始终是朝向里面的，目的是防止阴间的人跑掉，而并非阻止别人进来。

该验证机制主要集中于一台或者多台能够信任的服务器上，其主要负责所提供的功能非常多，如权证授权服务（Ticket Granting Service，TGS）、身份验证服务（Authentication Service，AS）以及密钥分布中心（Key Distribution Center，KDC）。同时，Kerberos 将客户端与服务器之间使用对称密钥再加密。而客户端与服务器都注册 KDC，如此一来，所有的网络成员的加密密钥就都处于 KDC 的维护下。

用于验证身份的还有客户端与服务器以及 TGS 间存在的复杂权证交换，且提供验证给客户端与服务器。同时，在有十分的把握确保双方都是其所宣称的实体时，这个操作准许客户端从服务器请求资源。这种加密权证的交换不仅确保了登录的证书，还有会话密钥以及验证的信息间的传递方式永远不会将明码显示出来。

同时，Kerberos 权证的使用时间是有限制的，而且还会通过参数来进行操作。如果这种权证过期的话就必须要将其进行更新或者直接使用一个新的权证与服务器之间继续保持通信。

Kerberos 的使用范围比较广，在本地局域网、本地登录以及远程访问与客户端中的服务器资源的请求当中都可以用这种权证，因此，其身份验证机制可以通用。但是，Kerberos 具有单点故障即 KDC。KDC 一旦被攻击者所破解，那受到牵连的就是网络中的所有系统的安全密钥，若 KDC 没有网络，那么主体也不能进行验证。这也是 Kerberos 存在的一个非常大的 bug。

除此之外，Kerberos 还存在着以下这些问题和弊端：

（1）如果客户端的初始 TGS 响应被字典程序攻击与暴力攻击所攻击的话，很有可能会将主体的密码泄露出来。

（2）若权证是在使用时限内被截获的，充满恶意的主体就非常有可能还会再次将这些权证发送过来。

（3）所发布的权证存储到了客户端与服务器的内存当中。

三、访问控制技术

主体通过身份标识与验证后，就必须进行下一步操作或被授权访问资源。授权这一步可以在主体身份通过验证并得到证实以后进行。授权一般是在系统通过访问控制后提供的。主体对客体持有的访问领域与类型都被访问控制所管辖着。就目前而言，访问控制技术有任意的、不可任意支配的以及强制的这三种类型。

何为任意访问控制，就是指该系统可以让客体的建立者控制或定义主体对于客体的访问。这种情况下，拥有者可以对访问控制进行随意分配。例如，当用户建立一个 word 文档时，那么该文档的拥有者就是他，作为拥有者，他可以对文件的许可权进行修改，那么对其他主体授权或者拒绝就可以根据拥有者自己的意愿来调整。任意访问控制一般都是利用对客体的访问控制列（AccessControl Lists，ACL）表来执行任务的。每一个 ACL 都控制或定义了对个别的主体的访问类型（授予或限制）。任意访问控制一般都不给予集中控制管理系统的提供，因为，只要是拥有者就可以随意将客体的 ACL 进行更改。这种访问控制具有一定的动态性，它的动态性要高于强制访问控制。

强制访问控制主要依附在标签的使用上。它们一般都会被主体进行标准分类，或者根据其敏感度而被贴上一些具有代表性的标签。如属于军方使用的绝密文件、机密文件、秘密性文件以及敏感未被分类的标签。主体在强制访问控制系统当中可以访问具有相同的客体或者标签较低的客体。"需要知道（need-to-know）"属于强制访问控制中的延伸，这种方法主要是针对那些级别差异较大的主体，当它们的工作任务需要进行这种访问的时候，就具有"需要知道"，同时就会被赋予授权访问那些级别较高的机密文件。若它们不具备"需要知道"时，就算级别差异已经达到了要求，也不会具有访问权限。

在强制访问控制当中，由于安全标签的使用引发了许多有意思的事情。如果要启动强制访问控制系统，每一个主体与客体就必须要有一个安全标签。在启动环境的背景下，这些安全标签就有可能会牵涉到机密、分类与部门等等。而前文中提到过，军方的安全标签从最高标签往最低标签进行分类的话是这样的：军方使用绝密、机密、秘密、敏感但是没有进行分类。而一些普通的公司所用到的安全标签级别是秘密的、专利的、隐私的、敏感的、公开的。虽然每一个安全分类就将敏感度的级别指出来了，但是由于对方的性质不同，级别也是具有很大差异性的。

所谓不可任意支配的访问控制又被称为——基于角色的访问控制。系统可以通过不可任意支配访问控制来定于主体经过主体的角色或者任务来访问客体的这种能力。例如，主体的角色是管理者，那他们就比那些处于低层次的人所持有的资源访问能力就大。但是该访问是基于角色或者任务的描述，并非主体的真实身份，所以，在人员频频发生改变的环境中对于这些基于角色的访问控制具有非常大的作用。

角色与组（group）所服务的目的都是一样的，而它们在使用与配置当中是不一样的。作为把用户集中在可管理单元方面的客体而言，它们之间是相似的。而用户的成员不限制来自几个组。他们不仅可以获取每个组给予的权限与许可权，还可以在个人用户账户中分配的权限与许可权。使用角色时，用户所持有的角色可以是一个单一的。用户的权限与许可权也只能分配给这一个角色，没有多余的个别分配的权限和许可权。

而不可任意支配的访问控制还有另外一种变化形式，那就是格状访问控制。主体与客体之间的所有关系在格状访问控制下被定义为访问的上限与下限。虽然上下限可以是任意的，但还是以军方或公司安全标签的级别所表现出来。如图4-1所示，该主体的格状许可权所在包括私有的最高点，而最低可以到敏感的，与此同时，不能访问其他标签，如公共的、秘密的以及专利的。如图所示，在格状访问控制中，主体可以访问它位置上被标记的客体的最下限与最上限。

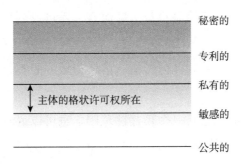

图4-1　格状基础上的访问控制所表现出的上限

强制访问控制其中一种变化形式就是规则基础上的访问控制。在规则基础上的系统可以运用一连串的规则、过滤器以及限制来决断在系统上能够做什么与不能做什么。如，允许主体访问客体的某操作、某资源。而规则基础上的访问控制系统中通常见到的例子是代理、路由器与防火墙。一般情况下，用户不可以对规则基础上的访问控制进行任意修改，因为它是处在系统管理员的维护下的。

四、访问控制方法及实施

访问控制方法主要有集中式与分散式，分散式又可称为分布式。所谓集中式访问控制（Centralized access contro）的作用就是示意一切的授权验证都是在系统当中的一个单一实体的执行下进行操作的。而分散式 / 分布式访问控制（Decentralized access control/Distributed access control）则示意授权验证是由贯穿在系统当中的不同的实体所执行的。

任何集中系统与分散式系统的优点与缺点都能在以上这两种访问控制方法中体现出来。其中，集中式的访问控制能够允许个人或者小型的团队对访问控制进行管理。此时所有的授权验证都是在单一实体下执行的，它的更改都是在一个地方进行的，所以管理起来也不会有特别大的压力。整个系统也会受到单个更改的影响。集中式访问控制虽然是单一更改，但同时也会成为单一的故障点。在集中式访问控制的系统中不能被系统组件所访问到，同时也标志着主客体间不能产生联系。

与集中式访问控制不同的是，分散式的访问控制的管理一般都是由几个团队或者多个人进行的。因为它的更改在一个地方是绝对进行不了的，必须在多个地方进行，所以管理起来工程量也会比较大，有一定的负担。由于该访问控制点有所增加，系统的一致性维护工作也会随之变得更加困难。有单独更改的现象受到影响的也只有其特定访问控制点的相关系统内容。因此，分散式访问控制不会出现单点故障的现象，若其中一个访问控制点有故障出现，还可以利用其他的访问控制点将流量均衡下来，直至出现故障的点被修复。而那些与故障点不相干的主客体，也可以进行正常的通信，不会受到任何影响。信任与域一般都是在分散式访问控制系统中。

何为"域（domain）"它是一个信任的范围。也可以说它是共享共同安全性策略的主体与客体的集合。当涉及的域不止一个时，就会成为分散式访问控制。它们之间会形成一种资源共享的状态，因此信任关系是必须要建立起来的。所谓信任（trust）就是指建立在两个域之间的安全桥梁，就像是一个保护伞，允许用户从一个域访问到另一个域的资源。同时，信任也不是固定不变的，既可以是双向信任，又可以是单向的。

五、访问控制管理

我们把管理员用来管理用户账户与访问权限以及责任衡量的一组责任与任务称为访问控制管理。一个系统它的安全性是以有效的访问控制管理为基础的。值得注意的是，访问控制又依赖于身份标识、验证、授权以及责任衡量这四个原则。一旦涉及访问控制的管理，这四个原则就会转换成以下三个主要职责：

（1）管理用户的账户；

（2）跟踪操作；

（3）管理许可权与访问权利。

（一）账户管理

建立与维护以及关闭用户账户是用户账户管理所涉及的内容。这些操作看起来十分通俗，要实现系统访问控制的有效力就必须要管理好这些内容。如果用户账户没有被正确定义与维护起来，那么系统就不可以建立标识、进行验证以及证实授权与跟踪责任，这些步骤都不可以执行。

虽然建立新用户账户这个过程非常简单，只需要进行简单的系统操作，但是需要注意的是，它必须要收到组织机构安全性策略的保护。用户账户并不是说建立就建立的，那些因一时兴起而建立用户账户的都应该不被允许。想要建立用户账户必须要通过人事部门的聘任或者办理相关任职手续后才能执行操作。

新员工建立用户账户时，人事部门要给予证实的要求。如，应该分配哪种类型或者安全性级别的用户账户给新员工。同时，新员工的部门经理与公司的安全管理员要对用户账户进行检验安全分配。新用户账户的生成必须要获得验证。如果不遵守安全性策略与严格手续的前提下就建立用户账户，那后果将不堪设想，可能会被恶意的主体所利用，还会带来各种漏洞与麻烦。就算是要增加或者减少已存在的用户账户的安全性级别，也必须要按照正规的程序进行。

新员工在人员聘任手续期间，首先就应该接受公司安排的安全性策略与手续的培训。完成聘任之前，还需要签署一份承诺支持该公司安全标准的协议书。很多的组织机构都已经构思了一份文档，若违反了安全性策略的人不仅会被解雇，还可以根据我国的法律进行起诉，让其承受一定的法律责任。在新员工接手用户账户的 ID 与临时密码的这一时刻，就需要执行密码策略（passowrd policy）的检查以及可接受的使用权限。

建立新用户账户的第一步被称为注册。在注册时新的身份就产生了，然后建立起系统所需要进行验证的要素。注册过程要准确并且完整地将其完成。还有一个比较关键的步骤，要通过组织机构所使用的任何必要的手段对该注册个体的身份信息进行证实。向安全系统注册这些人员时，以下这些信息也是有效证实身份的方式，如：个人持有照片的身份证（photo ID）、出生证明（birth certificate）、信用调查（credit check）、背景调查（background check）等等。

在用户账户的整个使用周期中必然少不了维护。账户管理工作比较少的组织就类似于那些相当稳定的组织结构以及人员变动与升迁都比较少的一些组织，而那些相对比较灵活具有动态的组织结构且人员变动与升迁都比较高的组织其账户管理工作也会比较多。绝大多数的账户维护工作都是以账户权限的变更而进行的。在一些新账户建立起来的时候，账户维护工作就开始管理着这个账户生命周期内对于访问的修改。未经授权的账户访问能力增加或者减少都会对安全造成严重的影响。

若一名员工离职了，就应该马上关闭或者废除他的用户账户。不管是什么时候，只要出现这样的情况，就应该将这项工作自动完成，同时还需要与人事部门进行配合。一般情况下，当一名离职的员工其工资不再需要支付的时候，那么他也失去了登录用户账户的权限。而一些短期的员工就需要在他们的账户中拟定好截止日期。如此一来，才可以维护好用户账户建立的控制级别，而且也不会出现什么疏忽。

（二）账户、日志和定期监控

访问控制管理还有一些非常重要的内容，如操作审计与账户跟踪以及系统监控。想要掌握主体的责任，就少不了这些内容。身份建立与验证以及授权时，跟踪主体的一系列操作提供了准确的责任。

（三）访问权限和许可权

实施组织机构安全性策略的重要部分包括了客体分配的访问权限。主体也会有各种各样的差异，如，并非所有主体的功能都相同，对所有客体的访问权限也不是每一个主体都有。很多时候，特定的主体只能访问一些特定的客体。不然的话，某些功能就只能由一些特定的主体来访问了。

我们把主体被赋予对客体进行访问权限的时候所形成的复杂结构称为最少特权原则（principle of least privilege）。该原则规定主体只可以被授权访问完成了其工作所需要的那些客体，而工作内容不需要的那些客体，需要阻止主体去访问，这也是该原则需要遵循的转换。

组织机构安全性策略与人员所在的组织层次以及访问控制模型的实施有一项功能，就是需要决定好哪些主体具有访问哪些客体的权限。所以，定义访问权限的标准主要建立在以下这些因素的基础上：位置、事件、角色、身份、规则、接口等等。

用户与所有者以及管理人是用来讨论对客体的访问所需要的三个主体标记。所谓用户就是任意主体，不仅可以访问系统中的客体，还可以将工作任务完成。所谓所有者或者信息所有者就是指那些对分类与标记客体以及保护和存储数据具有最终法人责任的人。若所有者在执行安全性策略保护与维护敏感数据的时候，没有将这些工作做得很好，就有可能要对其疏忽而承担一些责任。而管理员就是指对客体进行存储以及维护工作的人。

用户是任意主体，是系统中的任意最终用户。而代表所有者这个身份的经常是董事长、部门的领导以及首席执行长（CEO）。代表管理人员的经常是系统安全管理员、IT人员等。

责任与任务的分离是一种通用的准则，主要是为了防范任意一个单一的主体逃避或者禁用安全机制，不管是什么主体都必须要经过安全机制。没有任何一个主体能够在核心管理分为几个主体的时候拥有足够的访问权限来实施恶意操作或者绕过强迫执行的安全控制。任务在分离的过程中将监测和平衡系统给建立了起来，在该系统中，多个主体想要完成操作必须是进行相互校验，不可以单独进行，而工作任务也必须是多个主体一起完成。这使得那些充满恶意、欺骗的或者未经授权的操作要想执行会变得非常困难，同时也将检测与报告的范围给扩大了。针对个人而言，若他们觉得可以侥幸获得成功，那执行未授权的操作就是简单的。但是如果涉及的人不止一个，那执行未授权操作的承认就需要获得每一个人的认同保密方可实行。这是一种具有威慑的有效措施，而并非是一种贿赂的方式。

第二节　物理访问控制

一、围墙和门

用围墙和门的形式进行控制，阻止对设施进行非授权访问，这是一种最古老且最有效的物理安全的方法。围墙如果砌得足够高，那么就不容易被侵入，可以防止非法侵入者，同时，越高的围墙想要爬上去，就更容易被保安人员发现，这种方法不仅可靠，而且价格还非常划算。因此，应该把计算机机房的房门都换成结实的，如此一来，可以防止非法侵入。同时，机房应该设置一个单独的出入口，因为公共出入口的人流量较大，为了机房的安全，应该要避免大流量在此穿插。机房的房门设置得越少越好，进入机房的人就可以一目了然，也便于控制。为了使门的保护能力加强，还可以在门内连接到外围设置一个警报系统，门一旦被破坏，就可以发出报警信号，利用电子设备门方可实现。

二、警卫

警卫一般都具有推理与防范能力，可以设置在重要的安全区。警卫作为安全维护人员，需要对每一个进入者的证件及使用手册等进行仔细的检查，以及参观人员所持有的有效许可证，全方面做好安全措施，避免有不法分子溜进安全区。同时，对于转移安全区的设备与媒体进行详细的检查，将注册的信件收好，对其做好详细记录，以便于后续的核查工作。在此需要注意的是，警卫是一个关乎重大安全问题的工作，不是每一个人都适合，在应聘时要了解对方是否经受过专业的相关培训，这一点非常重要。如，负责磁带与磁盘以及其他计算机介质检查的警卫，就必须要对这些东西有全面的认识。

三、警犬

警犬也是物理安全中较为有价值的一种方式，若机构所保护的资源其价值非常高，那么就必须将警犬合理地列入计划当中，并对其进行科学合理的管理。我们都知道，警犬的嗅觉与听觉都十分敏锐，一些警卫检测不出来的非法入侵，警犬可以检测出来，一旦碰到很危险的情况，首当其冲的也可以是警犬，避免人的生命受到威胁。

四、ID卡和证章

采用身份证（ID）与名字证章可以把物理安全和信息访问控制密切联系在一个领域里面。如果ID卡看不出被磨损的地方，但是名字证章有磨损就能够看清楚。这些设备的用途还有以下几种：一，可以用来做生物测定学的简单形式，利用识别面部将一个人识别出来，然后对其进行设备访问权限的验证。ID卡还可以通过一种可见的形式进行编码，将其作为一种门禁卡使用。二，自动控制设备可以控制ID卡上面的磁条或无线芯片，所以，对于能够访问设施里面受到限制区域的人，机构可以给予他们授权。但是，ID卡与名字证章也不是绝对靠得住，它们与通信卡一样可能会出现被复制、盗窃或修改的情况。因此，这些设备受到这一漏洞的影响也不是唯一能够访问受限区域的方式。

除此之外，该类物理访问控制技术还存在一个人为因素的漏洞，我们把这一漏洞称为"跟进"。所谓跟进就是指：授权人将受限区域的门打开后，一些未被授权的人也跟随着进来。为了避免出现"跟进"的情况，要安排员工时刻保持警惕心理。还有一些基于技术的方式来阻止跟进这一现象，如捕人陷阱与十字转门，但是这些设备不仅昂贵，还需要一定的空间方可进行建造，使用起来也不是那么便利。所以，反跟进控制只能在特别关注员工授权进入时使用。

五、钥匙和锁

一些并非特别重要的安全区的机房如果也由门卫控制，虽然安全性提高了，但是会比较麻烦，也不切实际。出现这种问题，一般的做法是，把钥匙交给已被授权的员工，同时该做法存在的弊端就是，钥匙可能会遗失，因此，在这之前就要加强对这些工作人员的安全意识教育，要保护好自己的钥匙，一旦发现丢失，立即向上头报告要求换锁。某些工作区的钥匙不应该交于很多人手里，要交给专人保管，还要制定一套严格的交接制度，绝对保证钥匙的安全。若管理钥匙的人员离职后，要将钥匙上缴，特殊情况还需要考虑换锁。钥匙需要有备用的，如果管理人员不在时，其他人员可以申请授权然后再进行开锁。

锁是一种被大批量使用的一种保护装置，可能会出现这样一种情况：钥匙被一些非授权人员拿去复制，那么他们就可以随意打开锁，那些有技能的侵入者可以不需要钥匙就能开锁，这样的情况非常危险，也有可能会发生。对于机房而言，可以使用到的锁有如下几种：

（1）传统的钥匙与锁。这种传统的锁基本上每一扇门都会用到，费用较低，存在的弊端就是容易被复制，只要有钥匙就可以进入，安全指数低。

（2）较为精选的抵抗锁。该锁在复制的费用上比传统的锁要贵两三倍，比较难以复制，其他特征与传统锁无区别，安全指数还是不高。

（3）电子组合的锁。启用电子按动开关才可以将其打开，特殊情况下准许输入专门的代码使门打开，与此同时也会引发远程告警。

（4）机械按钮组合锁。只要按下正确的组合门就可以打开，相对于电子锁来说，这种机械锁的费用比较低，可是其可靠性也比较低。

六、捕人陷阱

捕人陷阱是高安全区域里增强锁的一种形式。其入口点与出口点的小围栏不同。不管是谁想要进入设施、区域或者某个房间内，首先要进入的就是捕人陷阱，请求访问的东西是某种形式的电子锁和钥匙，或者是生物测定学锁与钥匙，若检查通过，捕人陷阱就会被推出去，然后就可以进入该区域了。若一个人想要进去，但被拒绝了，那么他想要退出去就只能靠安全员来将这个围栏的锁打开才可以，就好像是掉进猎人陷阱里的猎物，只有当猎人来了才能够将其放出来，而这个围栏的设置也是一样的道理，被拒绝的人想要逃离现场，只能等安全员来解救。因此，我们把这个围栏称作捕人陷阱。

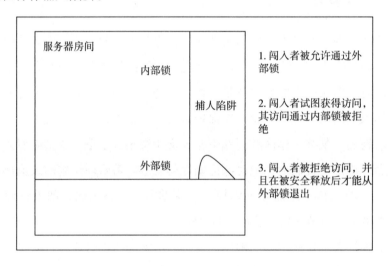

图 4-2　捕人陷阱

七、电子监视

警犬与警卫在记录特定区域时往往会将很多事情遗漏掉，还有一些区域采用物理控制的方法没有什么效果，此时，就可以利用一些监视设备记录。像某些商店，其天花板上都装置了一些银球灯，这些银球灯就像一个摄影机一样扫视着每一个角落，这就叫视频监视。而摄像机的另一边就是录像机（VCR）与捕获视频信号相关的一些设备信息。像闭路电视系统（CCT），与 CCT 搜集视频信号，还包括一些CCT 用于接收多种摄像机的输入，这些都属于电子监视，它们对每一个被监视的区域进行采样处理。

虽然电子监视可以记录到每一个角落，但同时它们也存在一些隐患：它们是一种被动的形式，即使能够发现有人进入该区域，也不能对其行为进行阻止。还有一个缺陷就是不管是侵入者还是工作者都被监视了。而能够可靠地对这些数据进行评估的智能系统暂时还没有被开发出来。通俗来说，就是指安全员要时刻观察监视信息，才能够知道未授权的活动有没有发生。所以，CCT 也要时常收集一些已入侵区域内的数据信息，它是一个收集证据的设备，并不是一个能够进行检测的设备。如果在安全性级别要求特别高的地方（如银行、购物中心等等），安全人员想要查出可疑的活动就只能通过持续地观察监视 CCT 系统才可以。

八、警报和警报系统

警报系统能够通过判断一件事情或者活动是否可疑，从而发出报警的声音来通知管理人员，它与监视之间是一种紧密相连的关系。一般检测物理入侵或者一些无法预料到的事件就会使用警报，如非法侵入、发生火灾等，又或者是服务器中断了、断电等等。如，某商务中心夜晚闯入一名小偷，夜贼警报检测对未授权区域有非法入侵，从而通知本地或远程的安全机构，发出警报。这些系统往往会依赖于运动检测器、重量传感器以及热量检测器、接触传感器以及振动传感器这几个不同类型的传感器中检测是否有入侵状态。其中，用运动检测器来检测某限制空间中的运动，既可以主动检测也可以被动检测。还有一些运动传感器能够发出红外线、电磁辐射或激光等形成的能量光束。若这些能量光束在收监测区域内突然被破坏，就会发出警报。而那些被动运动传感器是则不断测量受监测区域的能量，能够将这些能量的快速变化检测出来。这些能量的被动测量存在着一个很大的弊端，它们可以被阻止和伪装，故而易造假。将房间里温度变化的速率检测出来是属于热量检测器的工作方法。主要用于以下这种情况：人的出现能够改变一个房间里的温度，在一个 18 摄氏度的房间里进入一个体温为 37 摄氏度的人。故而，火灾的检测也可以使用热量检查器来检测。两个面相互接触的时候接触传感器与重量传感器就会开始工作。如，打开窗户的时候与针头弹簧传感器相接触了。振动传感器虽然也属于这类领域，但是它们所检测的是传感器的运动，环境的变化不归它管。

九、计算机机房和配电室

计算机机房与配电布线室是一个非常重要的区域，务必要保护好它里面的信息的机密性与完整性，以及设施的可用性。

计算设备的物理访问一旦被恶意攻击者获取，那么其逻辑性访问控制将变得十分脆弱，随时被击破。通常情况下，保洁人员是能够进入机构办公室中最不起眼的员工与非员工，他们可以随时进入，并且不会有人监管。很多时候，主人把各种钥匙交予他们之后就忘记收回了。他们可以进入每一间办公室，并有机会动每一个抽屉里的资料。对于这个身份而言，想要窥视、收集与复制各种重要信息是很有可能的。并非怀疑保洁人员是间谍，而是将这个存在的大隐患指出来，若保洁人员的权限被别有用心的人利用，那一些重要的机密信息就会被泄露出去。因此，管理信息的人员不应该只由一般性的管理人员管理，更应该被 IT 管理层的人员来管理。

第三节　机房与设施安全

所谓设施安全就是指安置计算机系统的区域要进行非常严谨细致的规划，还要使用严密的物理方法对计算机系统进行维护，从而最大限度地确保它的安全。

一、计算机机房的安全等级

为了给最重要的计算机机房提供最大限度的保护，而普通机房的保护措施不需要那么严密的情况下，要对计算机机房制定出不同的安全等级，给重要的机房提供足够的安全保护，确保不受破坏。按照 GB 9361-88 标准《计算站场地安全要求》，可以将机房的安全等级分为三个类型，分别是 A 类、B 类与 C 类。

A 类：该类是计算机机房安全最高级，要求机房里的安全措施特别完善周密。我们把放置安全性与可靠性需要达到最高的系统与设备定义为 A 类。

B 类：对机房的安全要求比较严格，机房的安全措施较为周密，但是比 A 类的措施还可以弱一点，其安全性属于 A 类与 C 类之间。

C 类：该类的计算机机房安全措施是最基本的，也没有特别的要求。放置于该机房的一般都是安全性最低限度以及安全性很一般的系统。

计算机的机房安全一般都是根据计算机系统安全的需要而制定的，既可以遵循其某一类进行执行，也可以将类型综合起来进行。综合执行的意思就是一个机房可以按照 A 与 C 类综合起来进行执行。如，根据要求，某机房的电磁波要进行 A 类保护，而它的火灾报警这一块则进行 C 类防护。

机房的安全要求见表 4-1。

表 4-1 机房安全级别

安全项目	C 类	B 类	A 类
场地选择	—	○++	○++
防火	○++	○++	○++
内部装修	—	○++	○--
供配电系统	○++	○++	○--
空调系统	○++	○++	○--
火灾报警及消防设施	○++	○++	○--
防水	—	○++	○--
防静电	—	○++	○--
防雷击	—	○++	○--
防鼠害	—	○++	○++
电磁波的防护	—	○++	○++

表中符号说明：—表示没有要求；○++表示有要求或者增加要求；○——表示要求与前级相同。

二、机房场地的环境选择

计算机系统的可靠性与安全性都会受到其电磁干扰、震动以及温度与湿度等变化的影响，最轻微的影响可能是工作不稳定、性能降低以及出现一些故障；影响较重的则会使其零部件受到损坏，寿命减短。因此，为了避免这些意外的发生，让计算机系统能够稳定、可靠以及安全地持续工作，需要为它提供一个相对适宜的工作场地。

（一）环境安全性

（1）一定要远离具有腐蚀性、易燃易爆的场所，如果机房被建立在这些地方就很有可能会使其系统受到周围环境的破坏。自古以来，环境就是一个非常重要的因素，不然也不会有孟母三迁这个典故了。

（2）那些环境严重污染的地方也要避开，如化工厂等，容易产生灰尘、有毒气体的区域也要远离。

（3）远离雷击区，计算机属于电子设备，一旦发生雷鸣闪电会比较危险。

（4）重盐害地区也要避免。

（二）地质可靠性

（1）除了环境，地质也是一个非常重要的因素，避免建立在容易发生地震的地区。

（2）避免建立在淤泥、流沙、沙尘暴与地层断裂的区域上。

（3）要避免低洼与潮湿的地域，计算机系统会遭到破坏。

（4）还有一些比较危险的区域是万万不可建立机房的，如滑坡、泥石流、雪崩等。

（三）场地抗电磁干扰性

（1）像广播电视发射台与雷达站这些地方都是具有磁场干扰的场所，因此，在建立机房时需要远离无线电干扰与微波线路的干扰。

（2）容易产生强电流冲击的场所也要注意避免，这些地方对计算机系统都有一定的干扰，是非常不可取的，如高压传输线、电气化铁路等。

（四）避开强振动源和强噪声源

（1）强振动源的地方也要远离，如冲床与锻床等等。

（2）噪声对于人来说有一定的影响，对于建立机房而言也是不可取的，如机场与火车站附近，还有影剧院等地方都是噪声的来源之地。

（3）濒临主要交通通道的地方也不是一个适宜的地方，机房的窗户如果直接对着马路大街也是不可取的。

（五）避免设在建筑物的高层及用水设备的下层和隔壁

以上所说的场所都不是建立机房的最佳之处，计算机机房里面放置的都是电子设备，因此，稳定可靠的电源很重要，机房中线路较多，为避免发生火灾需要充足的水源，还需要选用专用的建筑物。除此之外，干净整洁的自然环境以及交通通信便利也是需要考虑的。若机房是一栋办公楼中的一部分，则要将其设立在2、3楼最为适宜，还要注意的一点是，尽量要避开最高层以及用水设备的隔壁或者下层。若处于用水设备的下层，难免会出现楼上渗水的情况，所以要进行防水措施。

假设机房的场地还是选择在以上这些不利因素的地方，那么就需要采取针对性的防护措施，尽量维护好计算机机房。

三、机房建筑设计

关于机房建筑的设计有以下几点要求：

（1）其空间与平面的布局应该要有一定的灵活性，主机房的主体结构以大开间大跨度的柱网为主，内隔墙要具有一定的可变性。

（2）其主体结构需要有这几点性能：抗震、防火、耐久等等。主机房不需要有变形缝与伸缩缝。

（3）根据机房的总面积决定主机房的净高度，通常都是 2.5 ~ 3.2m。计算机机房的地板一定要能够承受住计算机设备，这一点保证了也就保障了计算机的长期、稳定与可靠以及安全运行的前提条件。根据 GB/T 2887—2000 标准，地板荷重依设备而定，一般分为以下 A、B 两级：

A 级：$\geqslant 500 kg/m^2$。B 级 $\geqslant 300 kg/m^2$。

（4）而类似于空调、供电这类设备的用房楼板的荷重需要根据设备的重量而设定，一般情况下都是大于或者等于 $1000 kg/m^2$，若超重则需要进行加固处理。

（5）就制作地板的材质而言，一定要使用质地坚硬且不容易起尘埃的材料，例如水磨地面。如果是采用的水泥地面，就必须要将表面处理好，尽量做好光滑。在条件许可的前提下，则可以铺设抗静电的活动地板。

（6）需要将主机房中各类型的管线都暗敷起来。如果有需要穿过楼层的管线，将其设计成竖井。

（7）在机房中需要设置一些安全出口的标志与疏散照明设备，以此保证工作人员的人身安全。

（8）机房中的围护结构需要满足以下这些条件：

①为了减少外界环境给机房内带来温度以及湿度上的影响，围护结构需要有足够的热阻值与适宜的热稳定性。

②不管是构造还是材料上都需要有防火需求。

③在机房的屋顶应该需要具备吸湿性小、隔热性能好等特征，同时良好的防渗水漏水的性能也要具备。

④主机房内温差大和一般震动的时候，围墙出现裂痕与产生灰尘的概率会较小，而且还有一定的抗静电与消音的性能。

（9）计算机机房门的设计需要满足如下几点要求：

①最重要的一点就是防火。

②密封性好，因为机房需要有一个安静的环境，与外界的噪声与尘埃等都要隔离起来，除此之外，还要有自闭功能，出入人员的门要有双向开闭的功能。

③门框不宜过大，但是要能够使机器设备顺利经过。

（10）计算机的窗户设计也很重要，需要满足以下这几个条件：

①不要直接朝向马路，因为机房需要有一个安静的室内环境，临街的窗户很显然满足不了这一点；

②窗户的密封性良好；

③窗户需要增加必要的保护措施，譬如，防护网等等。如此一来，是为了避免让居心不良的人进入机房进行恶意破坏；

④若窗户是双层的，最好使用铝合金的双层窗户；若是选用的单层窗户，则使用中空玻璃更为适宜。

四、机房组成及面积

（一）机房组成

计算机系统也有很多很多区别，如它的用途、性质、规模以及其任务都会有所不同，而且计算机的不同系统对供电与空调等等诸多要求也不一样，包括管理体制也存在着差异。因此，可以将计算机的机房分为主机房、基本工作间、第一类辅助房间与第二类辅助房间以及第三类辅助房间等。

（1）所谓主机房就是用来安装主机以及一些其他设备的工作室，如外部设备、路由器与交换机等一些骨干网络设备。

（2）像一些数据录入室、网络设备室与终端室以及已经记录的媒体存放间与上机准备间都是属于基本工作间的工作范畴。

（3）何为第一类辅助房间，就是用于放置备件、还未记录的媒体以及各类资料与仪器，还包括硬件与软件人员的办公室所在地。

（4）何为第二类辅助房间，就是指维修室、电源室、发电机室、蓄电池室以及空调系统用房与灭火钢瓶室，还是监控室与值班室的所在地。

（5）那么何为第三类辅助房间呢，即更衣间、储藏室、缓冲间以及工作人员的休息室等等。

以上这些只不过是一些基本的分类方法，并不是说一定要按照以上的分类使用机房，可以根据实际情况进行调解。

（二）机房面积

一般情况下，机房的面积都是按照计算机设备的外观形状尺寸进行确定的。若其外形尺寸不明的状态下，机房面积通常是根据以下这些规定来设计。

（1）计算机机房的面积可以根据下列的方法来布置。

①若计算机的系统设备型号已经选定好了，可以按照 $A=（5 \sim 7）\sum S$ 进行计算。公式当中的 A 代表计算机机房的使用面积（m^2），S 则是指既与计算机系统有关又在机房平面布置图上占据一定位置的设备面积（m^2），而机房内所有设备的占地面积其总和就是指 $\sum S$（m^2）。

②若计算机系统的设备还没有选定型号的时候，就按 $A=kN$ 来计算。公式当中的 A 就是代表机房中的使用面积（m^2）；而 k 则表示系数，一般取值为 $4.5 \sim 6.5m^2$/台（架）；而 N 就是指机房内所有的设备（台/架）总数量。

（2）不管怎么样，机房的使用面积最小不得低于 $30m^2$。

（3）生产以及研制需要用到的调机机房其使用面积就按照 A 类安全等级当中的规定来实施。

除了机房与调机技防，另外类型的房间其使用面积就根据人员与设备以及需要来确定。

（4）面积宜大不宜小，若在今后的发展中需要扩大面积，太小的话就会不方便，因此，在该设计的基础上，还需要留有一定的备用面积，以便于今后发展所用。

五、设备布置

设备的布局并不是一成不变的，而是五花八门的。与设备布局牵涉到关系的因素很多，如与主机的结构、外部设备的种类与数量，还有使用的要求以及操作人员的个人习惯等等。虽然影响布局的因素有很多，但是还是有一个总的原则，即需要确保布局能够让计算机系统处在最佳的工作状态中，不管是操作还是维护都比较便捷；不仅要利于安全与防护规范的实施，还要便于处理流动作业；尽可能地使机房内保持安静整洁的环境；要有利于提高工作效率。

通常情况下，计算机机房内的布局原则如下所示：

（1）设备布置一般是使用分区的方式，分为主机区、数据管理区、存储器区、通信区、监控区等。更为具体的分区主要还是按照系统的配置来看。

（2）常需要操作或监视的设备其布置应该遵守便于操作的原则。

（3）对尘埃比较敏感的设备要与易产生尘埃的设备保持一定的距离，那些容易产生废物的设备放在机房回风口比较适宜。

（4）需要将数据处理的工艺流程考虑进行：信息输入—存储—处理—输出—分发—利用等。

（5）操作人员的行走线路与让文件材料进行流动的线路之间尽量短一些。

（6）确保工作人员拥有一个较为良好的工作环境，提高工作效率，也确保消防以及特殊情况下人员的安全问题，主机房内通道和设备之间的距离布置需要与以下的规定相符合：

①走道的净宽度不得小于 1.2m，发生意外事件时便于人流疏散；

②相对的两个机柜其正面间距离不得小于 1.5m；

③机柜的侧面（或者不用面）与墙壁之间的距离不得低于 0.5m，需要进行维修测试的时候，距离围墙的距离不得低于 1.2m。

六、机房的环境条件

（一）温度与湿度

计算机机房的环境很重要，因为其设备的集成度比较高，所以环境的要求也是比较高的。机房内的温度需要非常适宜，不管是过高还是过低对于计算机的硬件来说都有一定的危害。譬如，温度过高对于电子器件而言，不仅会使其可靠性下降，还会使磁介质与绝缘介质的老化程度加快，严重的还会使硬件造成永久性损坏；若温度太过低，既会使元器件变得十分脆弱，还会对硬件造成一定的伤害。除了温度会给设备带来威胁之外，湿度也会对其造成影响。若湿度过高，那么密封性本就不够的元器件将会出现腐蚀的现象，还会使电器的绝缘性下降；若湿度太低的话，造成的危害则更大，存储介质除会变形外，还容易引起静电积累，造成很大程度的损害。

按照计算机系统对温度与湿度的要求，可以把湿度与温度分为两个等级，即 A 级与 B 级，见表 4-2 与表 4-3 所示。机房既可以按照某一级来实施，又可以按照某些级来综合执行，所谓综合执行就是指一个机房可以按照某些级来执行，不要求千篇一律。例如，某机房按照机器的要求可以选，开机时按照 A 级的温度与湿度执行；停机时则按照 B 级的温度与湿度执行。

表 4-2 开机时机房内的温度、湿度要求

项目	A 级		B 级
	夏季	冬季	
温度，℃	23 ± 2	20 ± 2	15 ～ 30
相对湿度，%	45 ～ 65		40 ～ 70
温度变化率，℃/h	< 5 并不得结露		< 10 并不得结露

表 4-3 停机时机房内的温度、湿度要求

项目	A 级	B 级
温度，℃	6 ～ 35	6 ～ 35
相对湿度，%	40 ～ 70	20 ～ 80
温度变化率，℃/h	< 5 并不得结露	< 10 并不得结露

媒体存放的温度与湿度的条件如表 4-4 和表 4-5 所示。

表 4-4 媒体存放的温度、湿度条件 1

项目	A 级	B 级
温度，℃	5 ～ 50	− 20 ～ 50
相对湿度，%	40 ～ 70	10 ～ 95

表 4-5 媒体存放的温度、湿度条件 2

项目	磁带		磁盘
	已记录的	未记录的	
温度，℃	< 32	5 ～ 50	4 ～ 50
相对湿度，%	20 ～ 80		8 ～ 80

而不同的房间内温度与湿度可以按照所装置设备的技术要求而确定，或者是使用表 4-2 和表 4-3 中的级别执行。

（二）空气含尘浓度

尘埃对计算机设备带来的影响很多，例如，计算机设备如果落入了很多尘埃，就有可能会造成接触不良的现象，而机械性能也会随之降低；如果计算机设备中被导电的尘埃钻进来，很有可能会使设备短路，严重的可能会使设备损坏。一般而言，主机房内尘埃的粒径大于或等于 0.5 μm 的个数，应小于或等于 18000 粒/立方厘米（相当于 5000 000 粒/立方英尺）。

（三）噪声

噪声是现代社会中常见的一种污染物，它可能不会对硬件造成什么影响，但是对人而言，它的危害是极大的。可以使人的听觉下降，造成精神恍惚、动作失误的状况。而一个良好的工作环境对于机房的工作人员来说非常重要，一般而言，计算机系统在停机的状态下，主机房里面的噪声在主操作员位置需要小于68dB（A）。

（四）电磁干扰

电磁干扰对人的伤害非常大，不仅会使人们内分泌失调，还会造成身体各种状况，除此之外，对于计算机设备而言也存在着危害，会使其信号突变，导致设备工作不能正常运行。根据美国《AD研究报告》当中的实测统计与理论分析结果表明，当磁场变化达到0.07高斯时，计算机设备的操作就可能会出现失误状态，当磁场变化达到0.7高斯时，计算机设备就会被破损。由此看来，对机房的电磁进行冲辐射的防护是必不可少的。一般而言，主机房内无线电干扰场强，在频率为0.15~1000MHz时，不应大于126dB；主机房内磁场干扰环境场强不应大于800A/m。

（五）振动

振动会给计算机设备带来一定的危害，如振动大可能会造成设备接触松动，接触电阻也会随之增大，从而使设备的电器性能降低，设备的绝缘性也会随之降低。一般而言，计算机系统停机的状态下，主机房的地板表面垂直以及水平向的振动加速值不得大于$500mm/s^2$。

（六）静电

研究表明，静电是损坏计算机的主要因素，计算机设备当中的CMOS芯片一旦被静电击穿，其器件就会损坏。如果工作人员在工作期间穿尼龙等容易产生静电的衣服，在摩擦时容易产生静电，若带着静电的工作人员接触到计算机，将会把静电传入计算机内，从而使机器受损，或者数据出现差错。关于计算机主机房地面与工作台面的静电泄露电阻需要符合《计算机机房用活动地板技术条件》国家标准的规定。主机房里面的绝缘体静电点位不得大于1kv，地板要使用由钢、铝或者一些其他的阻燃材料所制成的活动地板，其表面需要是导静电的，金属的部分禁止外露。同时，主机房中工作台面与座椅上的垫子都需要是导静电的，避免长时间摩擦产生静电，其体积电阻率应为$1.0 \times 107 \sim 1.0 \times 1010\Omega.cm$。要注意的一点是，主机房内不可以存在对地绝缘的独立导体，必须要与大地进行可靠的连接。

（七）灯光

拥有一定的照明条件才可以确保机房内的工作能够正常运行。机房照度根据有关的国家标准需要满足的条件如下：

（1）主机房与基本工作间以及第一类辅助房间在距地面 0.8m 处，前者照度不可低于 300lx，后两者不低于 200lx。

（2）其他的房间则参照 GB 50034 来执行。

（3）计算机机房里的眩光限制标准可分为三个不同程度的等级，如表 4-6 所示。

（4）如表 4-7 所示，这是直接型灯具最小遮光角的规定。

表 4-6　眩光限制等级

眩光限制等级	眩光程度	适应场所
Ⅰ	无眩光	主机房、基本工作间
Ⅱ	有轻微眩光	第一类辅助房间
Ⅲ	有眩光感觉	第二、三类辅组房间

表 4-7　直接型灯具最小遮光角

光源种类	光源平均亮度 t（x 103cd/m²）	眩光限制等级	遮光角
管状荧光灯	1 < 20	Ⅰ	20°
		Ⅱ、Ⅲ	10°
透明玻璃白炽灯	1 > 500	Ⅱ、Ⅲ	20°

（5）主机房与基本工作间想要限制工作面上反射眩光和作业面上的光幕反射可以使用以下几点方式：

①灯具要选用亮度低、光扩散性能好以及发光表面积大的；

②不要让视觉作业处在照明光源以及眼睛所形成的镜面反射上；

③进行视觉作业的区域其家具以及房间内都应使用没有任何光泽的表面。

（6）工作区域内的一般照明均匀度即最低照度与平均照度之比不可以小于 0.7，而非工作区域照度则不可以低于工作区域平均照度的 1/5。

（7）机房内的照明线路需要穿过钢管暗敷。

（8）那种大范围的照明区域的灯具需要分区域、分地段进行设计开关。

（9）技术夹层内需要设置照明，并使用专用配电箱对其供电。

七、电源

电源的保护工作做得好才能够保证计算机系统正常运行。不管是电压不稳定还是电源设备陈旧，电压过高或低对于计算机而言都会是一种损害。如，一台正在进行工作的电子商务服务器，突然断电，交易中断，那将会产生非常大的麻烦。因此，在计算机即将要工作前，第一步就是要检查电源与电压，看其是否稳定，供电是否正常等。

设备在供电方面需要与设备制造商对供电的规定相符，才可以防止一些不必要的麻烦。而供电不中断的措施又包括以下几点：

（1）供电线路不能只有一条，需要设置多一点，避免一条线路故障；

（2）要配置一个不间断电源（UPS）；

（3）要有一个备用的发动机。

那些进行关键运营的设备一定要采用不间断电源，才能够确保它进行正常关机或者是持续运转。与此同时，针对不间断电源可能发生的故障做出相应的对策。要定期检查不间断电源的储电量，并且还要根据制造商的引导对它进行测试。

为什么需要备用发电机，因为我们避免不了意外的事情发生，一旦长时间断电，有了备用发电机就可以对其进行供电了。同时，也需要按照制造商的规定对发电机进行检测。为了保证发电机能够进行长时间发电，还需要准备丰富的燃料。

除此之外，硬件中还有一些能够在计算机系统断电的时候充任电源的元件，可以将信息保存，对于这些元件而言，定期检查也是非常有必要的，确保其没有破损。

根据GB/T 2887—2000标准，电子计算机供电电源质量可以按照电子计算机的用途、性能以及运行方式等多种情况分为A、B、C三个级别，主要内容如表4-8所示。

表4-8　电子计算机供电电源质量

供电电源质量分级	A	B	C
稳态电压偏移范围（%）	±5	±10	−15 ~ +10
稳态频率偏移范围（Hz）	±0.2	±0.5	±1
电压波形畸变率（%）	5	7	10
允许断电持续时间（ms）	0 ~ < 4	4 ~ < 200	200 ~ 1500

八、通信线路的安全

网络通信线路的安全对于计算机系统的正常运营而言具有非常重要的意义，为确保其安全性，需要注意到如下几个方面：

（1）数据传输的线路是否与相关标准相符，如，线路噪声不可以超标等等；

（2）传输线路不仅需要使用屏蔽电缆还需要有露天的保护措施，与强电线路或强电磁场发射源的距离要远一点，避免出现数据混乱；

（3）为了减少辐射对线路带来的干扰，铺设电缆最好是使用金属套装或屏蔽电缆的，还要定期检查各线路以及接点；

（4）那些容易被人发现的线路部位以及接线盒都要进行定期检查；

（5）为了防止恶意窃听，需要按照必要的检查设备；

（6）要定期对信号的强度进行检测，避免有人非法装置接入线路；

（7）若经济条件允许，可以采用光缆，因为光缆便于发现非法窃听。

第四节　技术控制

一、人员控制

尽管外部安全做得十分到位，机房的内部环境设施也非常好，设备可以很好地进行工作，但还是存在一个问题，那就是机房没有得到很好的控制，任何人都可以随意进出，那对于系统的安全而言，存在非常大的安全隐患。譬如，机房中，若有人将电源随意关一下，那接在该电源上所有的设备都会停止工作，若在设备中泼水，设备极有可能会坏掉，重要信息也随之丢失，若一个有心人故意剽窃他人的用户名与口令等等这种威胁的情况都会发生。不将设备进行限制，那么任何人都可以接触，那存在的危险性也就多了一份。由此，要对进入机房的相关人员进行控制，才可以确保计算机系统的安全。

（一）外来人员控制

机房是一个核心部位，不能够让未经批准的人随意进来，在其原则上外来人员也是不被允许参观的。就算是得到上级领导批准的人员想要进入机房，也必须要专人跟随，尽可能避免触及机要部位，同时还需要有规章制度对其控制。

（1）来访者（包括了本单位上的非常驻人员、有关协作单位未发出入证的人员）需要对其身份及目的进行核实，如果核实无误则发临时识别牌，允许该人员入内，凡进入机房者需要佩戴发放的识别牌，在离开时交还。

（2）登记来访者的姓名、单位、电话、证件号码、临时识别牌、目的等等一系列的信息，便于核查。

（3）想要拍照、录像等必须要经过批准。

（4）危险物不可带入机房，若要带东西进入，必须要获得上级领导批准。

（二）工作人员控制

除了要控制外来人员之外，内部的人员也需要进行一定的控制制度，如下：

（1）机房有很多区域，需要进行分区控制。工作人员并不是可以随意进出所有机房，应该按照他们的实际工作，确定哪些区域可以进，哪些不可以。对于没有权限进入的区域访问，需要获得上级领导批准。

（2）跟外来人员一样，凡是要带入机房的物品，需要有携物证，门卫可以检查该携带的物品。危险物品不得带入内。

（3）对于那些跨区域进出机房的工作人员，进行详细信息登记。

（4）不可以在未批准的情况下，将无关人员带入内参观。

（5）磁卡或钥匙禁止借给他人，遗失要报备。

（6）对于敏感的信息以及关键设备需要进行双人工作制，一切进出以及操作都必须要有记录，而且还要将其妥善保管好。

（7）定期检查使用人员的进入权。若目前的进入权已经不能够满足现阶段的业务需求，需要进行更新。对于那些优先进入权需要进行频繁的检查，避免权利被滥用。若进入权没有用处时，立即将其收回。

二、检测监视系统

安装检测监视系统在于计算机机房的安全性，装置检测监视系统之后一旦有异常情况就可以立即知道。入侵检测系统，运动物体检测、传感和报警系统以及闭路电视这三种是检测监视系统中用的比较多的。检测监视系统其设计需要根据实际情况而定，尽量让系统的结构设计得简单又可靠。在设计时需要遵循的基本原则如下：

（1）探测传感器要合理地布置在各个需要监测的部位。

（2）其系统的可靠性必须要强，要具备自动防止故障的性能，就算是工作电源发生了故障，系统也可以随时保持工作状态。

（3）系统需具有一定的扩充能力，便于应对日后使用功能中可能会发生的改变。

（4）最好是在非法入侵者不容易达到的位置安置报警器，而通往报警器的线路使用暗埋的方法最好。

（5）尽可能地将传感器与探测器安装在不易被察觉的位置，受到损伤时容易被发现，能够马上对其进行处理。

（6）为了方便对系统进行维修，其使用的部件最好是标准的部件。

（7）系统要使用多层次与立体化的防卫方式。同时，在保护目标的时候不能有监控盲区的现象。

（一）入侵检测系统

所谓入侵检测系统就是指在边界检测的报警系统，当非授权的不法分子在进入或者试图进入的边缘上该检测系统就会发出报警信号。为了保证计算机信息达到一定的安全性，要仔细观察建筑周围一切可能进入的地方，如排气管道、窗户等等，每一个潜在的侵入口除了要加强物理安全防护以外，还需要增加告警系统。

现如今，电子机械这一类型的入侵检测系统已经被广泛使用了，它是一个持续保持平衡的电路，只要改平衡被破坏，那么就会引起告警。以下这些设备是比较常用的：

（1）窗户贴。窗户贴顾名思义就是与窗户有关的东西，是一种黏在窗户上或者玻璃上的金属物，一旦窗户被破坏，该金属物也会破裂，就会引发告警，就算是摩擦也有可能将系统激活，从而使告警响起来。

（2）绷紧线。用于防范闯入保护区域的侵入者，线路发生改变即引发告警。

（3）入侵开关。主要是用来保护门或窗户等。这些被保护的门或者其他地方被打开，就会使其报警信号发出去。

在最后一名员工离开岗位以后入侵检测系统就处于一个安全模式了，需要有一名专门的负责人员在非工作期间对系统负责。而远程监控的人员则需要在工作开始时将系统归置于一个打开的模式，一切入侵检测系统都需要进行正确地维护，在安装的时候也需要进行测试。

值得注意的是，虽然入侵检测器可以提醒警卫有非法侵入并对入侵者进行阻止，也可以在未设置障碍物的地区起到作用，但是不排除它有无谓告警的时候，还有一种可能就是会被有技能的入侵者给打破。

（二）运动物体检测、传感和报警系统

一般在安全区域内设置运动物体检测、传感和报警系统。该报警系统至少包括五种检测入侵者的技术。如下：

（1）光测定系统。就是在一个区域里面采用增加光源的方式来检测光层变化的一种被动系统，该系统对周围的光层十分敏感，所以只能在无窗户的区域使用。

（2）移动检测系统。多普勒效应是该系统操作的基础，当一个声音或者电磁信号向一个方向进行移动或远离它的时候，其频率会相对变高或者变低。处在一个有微波的房间内，物体像房间移动向前时，变化会在接收的微波中体现出来，若接收器的频率加强，可以将来源查出来，减弱时可以将轻微的频率变化查出来。该类检测系统的立体防范范畴非常大，能够覆盖的辐射范围有 60~70 度，有可能比这还要大。环境变化以及气候条件对它的影响非常小，还具有穿透非金属物质的特征，如果将其安装在稍微隐秘的地方，或者在表面稍加装饰一下，是很难被发现的，对于防范作用来说非常有效。但是这类的检测系统也会出现虚报的现象。

移动检测系统的类型有如下这三种：

①音速检测系统。可操作的范围非常高，达到 1500~2000Hz，甚至于更高，主要是通过发射器与接收器使得密封性的房间里充满声波。

②超声波检测系统。可以使用高端频率，在 19000~20000Hz 的范围内都可以进行操作。

③微波检测系统。该系统的操作与上述系统相似，在 400~1000Hz 范围的频率使用收音机波段除外，它可以使用其他波段。

（3）听觉震动检测系统。该系统主要是运用一些听筒类型的设备对超出周围噪声的声音进行检测，但是在雷、雨等特殊情况下的影响会使其引发出无谓的告警，由此得出，其实震动系统与声音检测系统的原理差不多。

（4）红外线传感检测系统。人的身体可以发出一种看不见的红外线，利用该系统检测红外线，就能够发现侵入者了。由于该系统容易受到气候的影响即外界的温度与湿度的变化给它带来较大的影响，而正在工作中的设备也会发出红外线，因此，该类系统不能在气候变化强烈的地方使用，最好是在信息存储区或者没有热源

的地方使用。

（5）相近检测系统。相近检测系统种类多种多样，原理类似的系统所使用的电子域都是同一个，可以是电磁的亦或静电的，但它们遭到外界的损坏就会引发告警。虽然相近系统能够作为一种填补，但是将它们作为主系统还是不够的。为什么会形成这种局面，主要是因为无谓的警报会因为电子波动而触发，若过于敏感，就连小动物与鸟都能将警告引发起来。故而，作为给其他系统备份的就是相近系统的任务了。

系统的应用并不需要按照什么规定来使用，而是根据实际情况来选择使用哪一种系统，或者是同时运用几种系统，从而提高工作效率。

（三）闭路电视

闭路电视监控系统又被称为 CCTV（Closed Circuit Television），在非常重要的信息安全区就可以安装这种系统。想要了解监控区域内的情况，通过 CCTV 在监控中心就可以了解到，如此一来，也确保了监控区域内的安全。CCTV 对于其监视对象性质的不一样又可以分为以下这四种类型：

第一，单头单尾型：在某一个地方连续监视一个固定目标或区域就用这种。

第二，单头多尾型：在多个地方监视一个固定目标或区域就可以用这种。

第三，多头单尾型：适合用于在一个地方监视多个固定的目标或区域。

第四，多头多尾型：适用于在多个地方监视多个固定的目标或者区域。

CCTV 的功能非常丰富，如重点监视、报警录像与轮流监视等等，如果有特殊需要也可以在画面上加上日期与时间或文字等等需要的信息。

入侵检测系统与运动物体检测、传感以及报警系统与 CCTV 系统可以在实际使用当中相互联系起来，就会形成如下场景：报警发出时，运动物体检测、传感和报警系统就会将报警点的信息传送到 CCTV 监视系统当中，CCTV 系统可以控制住报警地区的摄像机对着报警点进行自动录像，这时候系统的主监视器的画面也变成录报警点的摄像机画面，可以及时给警卫提供详细信息并做出反应。

就目前而言，CCTV 系统的产品在市场上已经非常多了，主要是以国外进口的为主，而且价格不便宜。

三、生物访问控制

访问控制技术在当今这个技术不断发展的社会中已经形成了一个遍地开花的景象，而生物访问控制技术在这个景象当中脱颖而出。所谓生物访问控制就是指把人的生物学特征当成标志，如人的心跳、眼睛虹膜、指纹以及手掌外形等等，以此来断定是否属于合法用户。而生物测定学因素就是这类被测定的生物学特征。研究表明，指纹相同的人类这个现象仅有几百万分之一的概率。所以，通过对这些特征进行识别能够将准确性提高起来，从而也确保了系统的安全性。

除此之外，生物访问控制还能够作为一种身份标识与验证的技术进行使用。如果要用生物测定学因素替代用户名作为一种新的身份标识，那么生物测定学就要进行取样，然后对已经存储的取样数据库当中的内容进行一对多的查找。生物访问控制作为一项身份标识的技术是被用于有形的即物理的访问控制。将生物访问控制作为是一项验证技术，还需要它进行取样，并与已经存储的取样间保持主体身份的一对一对应，此时的生物访问控制主要是用于逻辑访问控制当中。

值得注意的是，人的健康问题是使用该系统时需要注意的地方。譬如，如果要使用虹膜识别系统，那肯定要对眼睛进行光束扫描，而这一现象可能会对眼睛造成伤害；若需要使用指纹识别系统，在多人使用同一系统的情况下，可能会感染到细菌。还有一个问题就是错误的拒绝率。譬如，某一个系统识别是通过声音来识别用户，万一这个用户喉咙嘶哑，声带方面不正常，那么系统就会拒绝该用户进入。设备的响应时间也是一个需要注意的问题，就是指从设备对人员生物特征进行扫描开始，再到设备推断出该人员是否具备进入条件的这一动作的时间。若生物测定特征比较复杂那么这一系列动作的处理时间就会更长，而主体接受处理能力的时间只有六秒，甚至是更短。这一问题值得注意。

四、审计访问记录

所谓审计访问记录就是指对人员的进出情况做详细记录，以便核查。这种方式便于查找进出安全区人员的具体情况，若发生什么事故也比较好确定责任范围，还可以通过访问记录发现很多问题，如某一个人非正常并多次进入安全区，亦或在非授权的时间内出入等等，就可以将监控检测加强，避免事故发生。

在访问记录中需要进行详细记录的问题有以下几个：

（1）访问者的具体信息，如姓名、访问日期、时间；

（2）日志信息，包含了对物理访问权利的增加、修改或删除，譬如，授予新员工访问哪一类建筑物的权利；

（3）访问人员的单位与携带物，还有接待人员的姓名等具体情况；

（4）在安全区进出的设备与媒体名称、编号、数量、时间和携带者的详细信息以及授予权利的领导名字等；

（5）报警系统的报警时间、监测、现场勘察人员的姓名、到达时间与现场的其他情况，若有遗报或者错报的情况，还需要将气候与环境等情况记录好。

第五节　环境与人身安全

一、防火安全

保证好机构内所有工作人员的人身安全属于物理安全最重要的原则。而火灾就是构成该安全的最大隐患。与其他物理安全比较火灾带来的威胁与损伤显然要更为严重。由此可见，全方位采取防范火灾是最重要的物理安全计划，必须要进行全面检查并采取最为严格的应对措施，检测以及对抗火灾。

火灾检测系统主要是为了检测以及及时响应火灾、潜在的火灾等情况进行维护和防御的设备。这类设备主要防范能够引起火灾的温度、可燃物与氧气这三个必要条件。

（一）火灾检测

火灾检测系统一般分为手工与自动两类。手工检测就包括了人员的响应，例如，拨打消防电话、手动激活警报系统等等。火灾警报的本身是使用手工火灾检测系统需要注意的一件事。手工触碰的警报与灭火系统是直接相接在一起的，在使用时务必要当心，因为错误的警报是经常发生的。除此之外，机构本身也需要制定相应安全措施，确保在事故发生时所有的工作人员能够顺利撤离建筑物。同时，在发生火灾时，现场必然是混乱一片，难免会有人趁乱非法侵入办公室，获取重要信息。因此，在计划火灾安全撤离的策略中，需要在每一个办公区域都安排一个楼层监控的专人，以免有人趁乱非法侵入。

热检测与烟检测以及火焰检测是三种基本的火灾检测系统。

热检测系统有两种操作方式，还包含了一个高级的热传感器。其一就是固定稳定，就是指区域内的温度达到了预定的级别（57 ~ 74 摄氏度之间），传感器就会进行检测。其二叫作上升速度，就是指传感器检测区域在短时间内温度开始进行异常的快速增长。不管是哪种情况，只要满足条件，就会将警报与灭火系统给激发。该类型的系统价格不贵也容易维护，缺点就是当问题已经产生了才会发现，这就证明使用该类系统容易让工作人员处于危险的状态中，因此，这不是最佳的防火方式。

烟检测是检测潜在火灾中最为常见的一种方式，在居民区或者商业建筑的建筑标准中都要求装置烟检测系统。它有三种操作方式。一，检测某区域。若红外线被打断（例如烟雾），警报就会激活。二，电离传感器检测房间内所包含的少量无害辐射物质。若房间里有燃烧的产品进入，就将房间内的导电级别发生改变，而检测器也会被激活。三，烟检测器是空气除尘检测器。这种检测器的系统非常高级，主要应用于高敏感的区域内。主要是将引入空气进行过滤，让后将它转移到一个含有激光束的房间内。若激光束因为烟尘而转向，就会将系统激活。这种系统虽然价格昂贵，但是效果非常好，在存储价值极高的设备区域内常用它们。

火焰检测器就是一个传感器，主要是检测出因为燃烧火焰所产生的红紫外线。该系统只有在与火焰面对面，并将其与数据库中的火焰信号做对比的时候，通过正确判断后将警报激活。该系统非常昂贵，敏感度非常高，只能安装在能够扫描受保护区域当中的每一个角落。适合用于化学物品存储区域，因为正常化学品所散发出来的物质就有可能将烟检测给激活。

（二）灭火

灭火系统种类非常丰富，有便携式的、手动的以及自动的。便携式灭火器主要适用于较小的火灾以及需要直接灭火等各种情况。它比较有针对性，在灭火时可以避免触及整个建筑物的洒水装置，也避免了不必要的损坏。可以将便携式灭火器控制的火灾类型分为以下几个等级：

A 类：一般性易燃物的火灾类型，譬如纸张、衣服。木材等。A 类火灾可以使用阻断易燃物的工具扑灭。如水、多用途的干燥化学品灭火器等。

B 类：易燃物液体或气体造成的火灾，如汽油、油漆、油等。B 类火灾可以用火与隔离氧气扑灭。

C 类：因电力设备所造成的火灾。不导电的灭火器可以扑灭该类火灾。如二氧化碳、多用途干燥化学品或卤代烷灭火器。注意，千万不可以用水来灭。

D类：易燃的金属物所引发的火灾。如钠、镁等。该类火灾需要用特殊的灭火工具或技术，如气体释放系统、湿管道系统以及洒水系统等。需要注意的是，气体释放系统的效果比洒水系统的效果更好，但不可以在有人的环境内使用，因为它主要是将空气中的氧气抽离，这对人来说是非常危险的。

（三）机房的防火措施

为确保及时发现火灾，发生火灾后第一时间保证人员安全等等情况，机房需要采取以下防火措施：

（1）机房内的建筑材料尽可能使用防火材料。

（2）机房需要根据国家标准《火灾自动报警系统设计规范》的规定装置相关自动报警系统。按照目的的不同可以配备红外线传感器与自动火灾报警器这两种监控设备。

（3）机房至少要在两端设置两个以上的安全出口。门的开向朝疏散的方向，确保不管在什么情况下都能从机房内打开。

（4）报警系统与自动灭火系统需要与空调和通风系统连锁起来。

（5）机房和其他建筑物需要设置单独的防火分区。

（6）主机房与基本工作间、第一类辅助房间要采用非燃烧材料或不易燃烧材料。

（7）要安排安全人员进行时刻巡查，一旦发现有火灾预兆，立即找寻原因，并检查防火的设备功能等等。

机房的防火措施非常多，总的一点就是要多留一份心，安全防范意识要增强，同时防火设备要定期检查，千万不可大意，维护好机房的一切设备。

二、漏水和水灾

除了火灾以外，水对于计算机系统而言也是一种极大的危害，若将水散在计算机设备上，不仅会使其短路还会造成一定损伤。因此，防水措施也必须要执行起来。机房防水措施需要考虑到的方面如下：

（1）和主机房没有关系的排水管不得在主机房穿过。

（2）机房内的排水管要进行暗敷，引入支管宜暗装。

（3）机房内房顶与吊顶要做防水措施。

（4）最好不要将机房设置在用水设备的楼下等等。

三、物理安全威胁

在我们的生活中，能对计算机系统造成一定威胁的除了火灾与水灾外还有一些物理安全的威胁。如，盗窃者恶意隔断通信线路，那么网络就会中断。若机房设置在化工厂附近，那有毒的气体如果泄漏出去就会腐蚀或污染计算机系统。还有诸如此类的种种物理安全威胁，作为一个计算机安全管理员需要对此有清楚的认知，并随时做好防范措施。

第六节　电磁泄露

电磁泄露发射技术属于信息保密技术范畴中主要内容之一。在国际上将其称为 TEMPEST（Transient ElectroMagnetic Pulse Standard Technology）技术。美国的安全局（NSA）与国防部（DOD）针对这一项目做出过相关研究与开发，研究计算机系统与其他电子设备的信息泄露与对策，研究信息处理设备辐射强度的压制方法。TEMPEST 技术是一个特殊技术的领域，主要是在政府的严格控制之下，对于高技术领域各国的保密工作都十分严谨，而且核心技术内容的秘密等级也比较高。

根据理论分析与实际测量表明，计算机电磁辐射强度会受到以下这些因素的影响：

（1）功率与频率。设备功率与辐射强度是成正比的，功率越大辐射强度也随之变大。信号频率越高，辐射强大也越高。

（2）距离因素。距离和辐射强度之间是成反比的。其他因素相同时，距离辐射源越近，辐射强大就越大，反之就越小。

（3）屏蔽情况。屏蔽情况的好与坏都能够影响辐射强度。

一、计算机设备防泄露措施

压制计算机当中信息泄露的技术有电子隐蔽技术与物理抑制技术这两种途径。所谓电子隐蔽技术的方式就是用跳频或干扰等技术将计算机工作状态与保护信息隐藏起来；而将一切有用的信息抑制起来禁止外泄就是物理抑制技术。

包容法与抑源法则属于物理抑制技术当中的。屏蔽辐射源，阻止电磁波外泄并进行传播的这种方法就是包容法。所谓抑源法就是从线路与元器件上进行入手，从根源上切断计算机系统向外辐射电磁波的可能性，将较强的电磁波根源给除掉。

在实际应用当中计算机系统使用的防泄漏措施主要有以下几个：

（一）选用低辐射设备

何为低辐射设备，就是指通过有关测试并合格的 TEMPEST 设备，这种方式也是防止计算机设备信息泄露最根本的举措。这类型的设备非常昂贵，因为它们在生产的时候就已经对可能产生电磁泄露的集成电路与元气体以及连接线等等采用了防辐射措施，能够把设备的辐射压制至最低限度。

（二）利用噪声干扰源

白噪声干扰源与相关干扰器这两种就是噪声干扰源。

1. 采用白噪声干扰源

方法主要有以下两种：

在计算机设备旁放置一台可以产生白噪声的干扰器，令干扰器所产生的噪声以及计算机设备所产生的辐射信息夹杂在一起向外辐射，促使设备所产生的辐射信息不被接收或重复出现。需要注意的是，使用此方法干扰源不能超出有关 EMI 标准，还有一点就是这两种信号的特征需要不一样，容易将其进行区分，然后将计算机的辐射信息提取出来。

计算机设备的摆放方式需要注意，要将处理重要信息的设备放在中间位置，而处理一般信息的设备放置在四周，使它们所产生的辐射信息一起向外辐射，如此一来，接收复现时就更难辨别真伪了，接收复现的难度也会增大。

2. 采用相关干扰器

相关干扰器能够产生很多仿真计算机设备的伪随机干扰信号，可以让辐射信号与干扰信号重叠为复合信号并向外进行辐射，将原辐射信号的形态打破，从而使得接收者不能将信息进行还原。相关干扰器的效果要比白噪声干扰源要好，不过使用这种方法就需要进行覆盖，其干扰信息的辐射强大也比较大，那么对环境而言就容易造成电磁声污染。

（三）采取屏蔽措施

采用电磁屏蔽的方式也属于抑制电磁辐射的方法之一。计算机系统当中的电磁屏蔽又包括了设备屏蔽与电缆屏蔽。在放置计算机设备的空间里采用具有屏蔽度的金属丝网进行屏蔽起来，然后把金属网罩与地面连接起来，这就是设备屏蔽。对计算机设备的通信电缆与接地电缆屏蔽起来就是指的电缆屏蔽。屏蔽体的反射衰减值与吸收衰减值的大小和屏蔽的密封程度就在决定屏蔽效果的关键性因素。

（四）距离防护

距离的远近能够影响电磁辐射的强弱，若距离增加，其辐射会随之减弱，所以与设备的距离较远时，设备信息的辐射场强就会随之变弱，那么辐射的信号就难以被接收。这种方法非常经济，只有在具有较大防护距离的单位才可以使用，若条件允许，选择机房位置的时候可以将这一因素考虑进去。设备辐射的强度与接收设备的灵敏度能够影响安全防护距离。

（五）采用微波吸收材料

微波吸收材料的类型也有很多种，适用的频率范围根据其材料性质而定，它们之间的特征是各有不同的，按照实际情况来采用相应的材料来减少电磁辐射。

二、计算机设备的电磁辐射标准

充分掌握国外电磁辐射标准不仅便于引进与使用国外的 TEMPST 设备，还对于计算机在对敏感数据进行处理时需要用到的保护措施是哪一种程度这一类问题的分析有帮助。以下就是关于国外一些 TEMPST 标准的简单介绍。

（一）美国 FCC 标准

美国联邦通讯委员会（FCC）为了将计算机设备所产生的电磁干扰进行减少，于 1979 年 9 月在 FCC 的原有标准的基础上进行了适当修整，并将新的标准发布出来——FCC20780（文件号）16-J 计算机设备电磁辐射标准。

根据 FFC 标准将计算机设备又分为两类，即 A 类与 B 类，这两类设备的电磁辐射要求也不一样，A 类设备的电磁辐射没有 B 类设备严格。

A 类设备：该类的计算机设备主要是用于工、商业环境中以及家庭环境中。

B 类设备：该类计算机设备主要是用于居住的环境中，但计算器、电子游戏与一些公共场所的电子设备除外。

如表 4-9 与表 4-10 就是 FCC15-J 规定的计算机设备电磁泄露的极限值

表 4-9　辐射泄露极限值

频率（MHz）	A 类（30m）	A 类（30m）	B 类（30m）
30 ~ 88	30 μ V/m	300 μ V/m	100 μ V/m
88 ~ 216	50 μ V/m	500 μ V/m	150 μ V/m
216 ~ 1000	70 μ V/m	700 μ V/m	200 μ V/m

表 4-10　传导泄露极限值

频率（MHz）	A 类（μV）	B 类（μV）
0.45 ~ 1.6	6000	250
1.6 ~ 30	3000	250

除此之外，FCC 还进行了规定的有测试设备与测试方式以及调试带宽等等问题。而测试设备又包含了频率分析仪或场强测试仪与可调半波振子天线，还有一些进行辅助的设备，譬如衰减器等等。测量场强的频段在 30 至 1000MHz 时，其测试设备的 6dB 带宽不能低于 100kHz。测量传导泄露在 300MHz 的时候，测试设备的 6dB 带宽不可以低于 9kHz。测量外场地的时候，被测量的设备在断电的状态下，对外界的环境噪声电平与该标准规定的极限值相比应该要比标准的低 6dB。当天线距离被测量设备 3m 时，可以在 3 至 30m 间进行测试。天线与被测量设备之间的距离为 10m 以内的时候，在 1 至 4m 的天线高度之间会有变化；若距离超过 10m，天线高度则在 2 至 6m 之间变比。

（二）CISPR 标准

国际电子技术委员会（IEC）当中一个标准的组织——国际无线电干扰特别委员会（CISPR），这个组织主要是对制定与发展电子产品的技术标准进行研究。CISPR 于 1984 年 7 月将信息技术设备的电磁干扰标准与测试方法的第 2 稿发布了出来。主要用于辅助美国与德国以及一些其他国家对于电子数据处理（Electronic Data Process，EDP）设备电磁干扰的规定，同时，将这个标准举荐给不同的国家，所以，CISPR 标准又被称为 CISPR 建议。

CISPR 同美国 FCC 标准相同，也是将信息处理设备分为两类，即 A 类与 B 类。这两类设备的辐射要求也不一样，其中，A 类设备是指应用在商业、工业与企业类的设备；像一些居住环境的设备就是采用的 B 类设备。见表 4-11 与表 4-12，这两个表就是 CISPR 标准所规定的电磁辐射极限值与传导泄露极限值的范围。

表 4-11 电磁辐射泄露

设备类型	频率范围（MHz）	极限值（μV）	平均值（μV）
A 类	0.15 ~ 0.50	79	66
	0.50 ~ 30	73	60
B 类	0.15 ~ 0.50	66 ~ 56	56 ~ 46
	0.50 ~ 6.0	56	46
	6.0 ~ 30	60	50

表 4-12 传导泄露

设备类型	频率范围（MHz）	极限值（μV）
A 类	0.15 ~ 0.50	30
	0.50 ~ 30	37
B 类	0.15 ~ 6.0	30
	6.0 ~ 30	27

通过表中的内容得出，CISPR 测试的方法同 FCC 标准的测试方法大体是一致的。

（三）德国 VDE 标准

德国邮电部（FTZ）是负责对有关电磁干扰进行处理的官方机构，而 FTZ 所认同的电磁测试研究机构就是德国电气工程师协会（FTZ），计算机与其他高频设备的电磁辐射标准就是 VDE0871，该标准是通过 VDE 所属的电子技术委员会与标准局所草拟的，并经过了 FTZ 核准，而且还通过了法律，将其作为西德的国家标准。该标准当前还在西欧的一些其他国家使用。

同样，VDE0871 也是将 EDP 设备分为 A 类与 B 类。B 类就是指所有的便携式 EDP 设备，譬如打印机、个人计算机以及终端机等等，A 类则是一些其余的 EDP 设备。表 4-13 就是 VDE0871 标准所规定的辐射极限值，传导泄露的极限值应在辐射的极限值上加 14dB。VDE 标准的测试方式同 FCC 标准也是极其相似的。

表 4-13 VDE 0871 标准辐射极限值

频率（MHz）	A 类峰值（dBμV/m）	B 类峰值（dBμV/m）
30 以下	34（30m）	34（30m）

频率（MHz）	A 类峰值（dBμV/m）	B 类峰值（dBμV/m）
30 ~ 41	54（30m）	34（10m）
41 ~ 68	30（30m）	34（10m）
68 ~ 174	54（30m）	34（10m）
174 ~ 230	30（30m）	34（10m）
230 ~ 470	54（30m）	34（10m）
470 ~ 760	30（30m）	34（10m）
760 ~ 1000	49 ~ 46（30m）	46（10m）

三、我国的 TEMPEST 标准研究

20 世纪 90 年代开始，我国也开始研究 TEMPEST 标准，历经将近十年的发展历程，我国 TEMPEST 标准也慢慢走向系统化，逐渐走上了完善，如下就是我国当面已经拥有的标准：

（1）BMB1—1994《电话机电磁泄露发射限值和测试方法》(机密级)；

（2）BMB2—1998《使用现场的信息设备电路泄露发射检查测试方法和安全判据》(绝密级)；

（3）BMB3—1999《处理涉密信息的电磁屏蔽室的技术要求和测试方法》(机密级)；

（4）BMB4《电磁干扰器技术要求和测试方法》(秘密级)；

（5）BMBS《涉密信息设备使用现场的电磁泄露发射防护要求》(秘密级)；

（6）GGBB 1—1999《信息设备电磁泄露发射限值》(绝密级)；

（7）GGBB2—1999《信息设备电磁泄露发射测试方法》(绝密级)；

（8）GB9254—88《信息技术设备的无线电干扰极限值和测量方法加》。

第五章

人员安全保障性研究

第一节　安全组织机构

随着技术水平的不断提高，计算机信息的攻击者的攻击手段也是五花八门，作为防御者始终还是一个被动的局面。想要全力保证信息系统的安全性不能仅靠少数人的高技能，而且很多攻击者或者破坏都是一些内部人员动的手脚。由此可见，想要确保信息系统的安全，就必须要将组织结构建立起来，并将管理制度与工作机制进行全面完善，只有做到分工到个人，才能使工作人员恪尽职守，哪一环节出现问题直接找到对应的人员即可。除此之外，还要加强对内部人员的培训，包括业务培训、安全教育以及行为规范等等。

一、建立安全组织机构的必要性

站在宏观的角度上来说，我国《中华人民共和国计算机信息系统安全保护条例》规定："计算机信息系统的使用单位应当建立健全安全管理制度，负责本单位计算机信息系统的安全保护工作。"

站在微观的角度上来讲。我国颁布的《计算机信息系统安全保护条例》第四条明确规定："计算机信息系统的安全保护工作，重点维护国家事务、经济建设、国防建设、尖端科学技术等重要领域的计算机信息系统的安全。"全力切实维护本单位信息系统的安全，不仅是直接保护本单位权益的需求，更是维护国家利益的需要，同时，除了行为上进行保护之外还需要在根本上认识到，这是必须要履行的责任，因为它被赋予了法律责任，国家就是强有力的后盾，若不依法履行，将要受到法律责任。

二、安全组织的规模

在安全治理机制的权威性下才能保证计算机系统安全治理的重要性与严峻性。所以，管理计算机安全工作的人必须要是单位的最高领导，只有他才具有最高的权威性，还应该制定满足本单位需求的安全组织机构。如图 5-1 所示，这就是从上至下的完整安全的组织体系图。

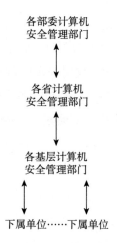

图 5-1　我国计算机安全管理体制示意图

　　我国计算机安全管理组织有各省计算机安全管理部门与各部委计算机安全管理部门以及各基层计算机管理部门与下属单位这四个层面。下属单位是直接负责计算机应用以及系统运行业务的单位，系统管理部门是它的上级单位。就计算机信息系统安全方面所发生的问题而言，完善的计算机安全管理体制既有安全监察组织又有管理组织。

　　安全组织的规模必须要适用于其系统的规模，如果是大规模的信息系统就要成立领导小组，负责人是主管领导，而负责计算机系统日常安全管理工作的人也需要确定出来，分工到个人，各司其职；如果信息系统的规模比较小则设立一个安全管理员即可。但是，不管规模是大是小，最基本的职能必须要落到实处，就是全面保证信息系统的安全，每一个人都是安全员，都有责任与义务。

三、安全组织机构的控制目标

　　所谓安全组织机构控制目标就是指组织中信息安全的管理，这就需要将成熟的管理机构设立起来，并在组织内部运行起来，实施控制信息安全。

　　为了确保信息安全策略与负责人在组织中协助安全措施进行正常的执行，管理层的领导们需要组建一个信息安全管理委员会。若有特殊情况，可以成立一个信息安全专家资料讨论会，将一些有用的资料利用到实际当中来。同时，要和外部信息安全专家保持亲密的联系，为监控安全标准与测评方法以及意外事物的处理措施等等提供联络点。将综合各学科知识的信息安全解决计划全面发展起来，如，某综合解决方案涉及的人员有经理、用户以及管理员和程序员等，还有一些某领域内的专业技术，如保险与风险管理等等。

从以下几个方面入手采取相应的手段可以确保上述目标实现：

（1）信息安全管理委员会：管理层对安全管理运行的支持与目标都会由信息安全管理委员会来确定。同时，委员会还会利用充裕的资源将安全推广起来。

（2）信息安全协作：想要将信息安全控制的举措落到实处，还需要有相应的协作，而这些信息安全协作就是从各大型的组织当中挑选一名管理者代表，这些代表者组成一个跨职能部门的委员会。

（3）落实信息安全责任：每一种资源的保护与安全过程责任的负责人都要明确规定出来，将信息安全责任落到实处。

（4）对信息处理设施的授权过程：新信息处理设施的管理授权过程要建设起来。

（5）组织之间的合作：组织之间要保持亲密的联系，如执法机关、提供信息服务者以及通信业者等等。

（6）独立信息安全审查：对于信息安全方针的执行需要独立审查。

（7）专家信息安全建议：将专家的信息安全建议从全方面搜集起来，并且在组织内部实施。

四、对安全组织机构的基本要求

安全组织机构属于一个综合性的组织，它是独立于信息系统的运行。

（一）建立信息系统安全组织的基本要求

（1）领导信息安全组织的人应该是单位的安全负责人，将其交予隶属于计算机运行或其他应用部门都是不可取的。

（2）安全组织的具体工作需要由安全负责的专员进行负责，因为安全组织属于本单位的常设工作职能机构。

（3）安全组织包括了很多类型，如软件与硬件、审计、人事、保卫以及其他需要的业务技术专家等多数人员。

（4）信息系统安全组织既与本业务系统上下级安全管理工作有着关联，还会受到当地公安计算机安全监察部门的指导与管制。

（二）制定基本安全防范措施的基本任务

其基本任务就是通过政府主管部门的指导管理之下，和系统相关的各个方面的专家对其风险进行定期检查与分析，计算机信息系统的安全等级管理的总体目标确定的前提是依据本单位的实际状况与需求，从而将针对性的举措提供出来，在进行执行监督工作，促使计算机安全保护工作与应用发展建设一并向前发展。

（三）安全组织的基本标准

（1）使用计算机的部门与岗位其安全责任制度要确定好。

（2）计算机的安全防范责任需要主管领导进行负责，明确区分好各级的职责，分工明确，有效地开展工作。

（3）建立完善健全的计算机安全管理制度，依照国家的有关法律法规而定，并将其落到实处。

（4）需要有专门的安全员，而且那些大型的企业单位还需要有明确的计算机委员会、安全组织等逐级的安全管理机制，安全组织的人员分配要合理，每一个分到任务的人员要将其工作发挥到实处。

（5）对计算机信息系统的风险要进行适时检查与分析，并且实施等级保护制，要把保障安全、节约、利于生产看作是行事的原则，同时还要制定相关安全政策。

（6）还有很多方面需要采取相关的安全措施，如信息安全、运行安全、网络安全等等诸多方面。

（7）计算机信息系统安全保护工作要包含应急措施以及档案备份，避免损失。

（8）将计算机信息系统的案件上报制度严格地实施起来，一旦发现系统存在安全隐患，立即实施改修措施。

（9）定期举行计算机信息系统安全保护工作总结评优活动，要做到奖罚分明。

安全管理的主要环节有如下九个：

（1）领导要重视安全管理，以身作则；

（2）各组织要将工作落到实处；

（3）要实施相应的等级保护体制；

（4）要有具体的措施，并到位；

（5）分工明确，各司其职，落到实处；

（6）安全技术要有保障性；

（7）信息安全工作要做到细致周详；

（8）要建立完善的安全管理制度；

（9）需要有周详缜密的应急措施。

五、第三方访问安全

（一）识别出第三方访问的风险

组织人员除外的人员对组织信息处理设施以及信息资产进行访问就叫第三方访问。该访问的又包括实物访问（走访办公室等）与逻辑访问（访问信息系统等）这两种类型。

第三方被许可访问的原因有很多，其中临时访问与常驻现场这两种是第三方允许访问的形式，还有如下原因：

（1）一些进来咨询的人员；

（2）过来进行学习参观的人员；

（3）实习人员以及短期的兼职人员；

（4）保安人员、清洁人员等这一类外协的支持服务人员；

（5）提供软件与硬件服务的技术人员；

（6）对信息系统与共享资源库进行访问的合作企业。

还有一种第三方访问是由于安全管理不严谨而造成的，这种访问带有安全隐患，可能会对资源进行未授权访问以及一些错误使用。如，盗取用户名、密码或者对软件与数据线进行恶意篡改，一旦如此，就会导致系统发生故障、重要文件丢失或损坏等。因此，组织需要对第三方访问进行风险评估，确定无风险才可以访问，还要确定好控制要求。

（二）第三方访问控制措施

针对第三方访问的风险评估结果，需要采取一些适当的控制方法进行安全控制，具体如下：

（1）要对第三方访问实施访问的授权管理，若未授权将不得进行任何访问。

（2）已授权的第三方若要进行实物访问还必须佩戴明显的标志物，有专员的陪同才可以访问重要区域，同时要将有关的安全事项告知访问人员。

（3）必须要签订信息安全合同或者在商务合同中确定规定并通过双方确认的信息安全条款进行安全控制才能够进行长期访问，即常驻于现场或长期进行逻辑访问。信息安全合同中需要考虑到的条款如下：

①信息安全的总方针。

②对资产保护提出相应相求，如限制泄露与复制信息。

③明确好双方各自的职责。

④要将相关法律事务的责任考虑进来。

⑤制定访问控制协议。

⑥要有知识产权的委托。

⑦对用户活动的权利进行检查并撤销。

⑧对合同方责任的权利进行审查。

⑨将解决问题的升级过程建立起来，并且在适当处做应急安排。

⑩关于软件、硬件的安装与维护职责。

⑪有一个清楚的报告结构与商定的报告格式。

⑫变更管理程序要具体并清晰。

⑬防止恶意软件的控制。

⑭对于安全事故与破坏的报告与调查要安排到位。

⑮全面培训用户管理人员的程序、方法以及安全方面的知识。

⑯需要要求实物保护控制，并保证遵循这些控制的机制。

六、外包控制

所谓外包就是指将组织的非核心业务委托给外部的专业公司。依据商务运作的需求，组织有可能会将信息系统、网络系统的管理与控制的部分都交予外包工作，如，系统维护的外包。如果这些信息外包给其他组织，控制得当还好，一旦控制不当就会给组织带来极大的安全隐患。若想进行有效控制就必须在双方签订的合同当中明确规定需要外包的风险以及安全控制与程序，外包组织在履行义务时必须要按照合同要求操作。

如，合同需要强调的内容有：

（1）要让外包方以及承包商能够意识到自己的安全责任，所以涉及这一块的内容要安排到位。

（2）审核的权利。

（3）若发生意外事故，如火灾等，该怎么维持服务的可用性。

（4）向外包设备需要提供哪种级别的实物安全。

（5）需要使用哪种实物与逻辑的控制，才可以限制授权用户对组织访问敏感的商务信息。

（6）怎样确定以及检测组织商务资产的保密性与完整性。

第二节　安全职能与人员安全审查

一、安全职能

将与系统所有的相关人员管理好是各级计算机安全管理组织的主要任务与职能，管理内容包括职业道德与业务素质以及人员的思想品德。这些因素对于系统直接经营的单位来说有着非常重要的地位。而计算机资产的管理则是其目标，其资产就是指计算机信息系统资源与信息资源的安全。这个全新的公共安全工作区域需要照章办事，安全工作组织机构的负责人必须由安全负责人进行负责其具体工作，不能将工作隶属于应用部门，安全组织的基本要求就是要安全负责人对单位主要领导与公安主管部门进行直接的负责。

以下内容就是安全组织的职能：

（1）同信息安全有关的一些因素，如规划、投资、人事以及安全政策、资源的利用与事故的处理等等这些方面，其具体实施与计划都是由各级的信息系统安全管理机构所负责的。

（2）相关的实施细则需要依照国家信息安全管理部门的有关法律与制度来完善与建立，同时还要负责贯彻与执行。

（3）负责和各级信息安全主管机关以及技术机构之间树立日常的工作关系。

（4）积极参与本单位以及下属单位计算机信息系统安全管理的相关工作，如设计、研究、开发、规划等。

（5）将本系统的系统安全操作规章制度建立并完善好。

（6）建立起岗位责任制，每个岗位人员的职责与权限都要落实好。对相关安全的教育与培训以及宣传问题做详细实施计划。

（7）定期开展表彰大会，给予优秀员工鼓励。

（8）若有重大违纪与泄密事件发生，追究责任人，情节严重的情况下还要对其追究法律责任。

（9）对于计算机安全时间报告制度要认真执行，并适时向当地的安全机关与计算机安全检查部门报告本单位的信息安全管理状况。

不管是什么样的保护措施离开人的执掌是无法运行的，所以系统的安全维护关键还是由人来进行控制。安全不是一个人就能实现，要每一个岗位上的人员都做好本职工作方可保证信息系统的安全，所以人员的职能分工也是极其重要的部分。

二、人员安全审查

计算机业务人员的思想素质与职业素质、品德的好与坏是安全管理的关键因素。安全环节中最重要的就是人，只有真诚、忠实、可靠的人才有担当，才可靠，保证网络的安全的前提必须要提高工作人员的道德素质、技术水平以及安全、政治觉悟。众多实例也说明引起安全事故的往往都是内部人员，壁垒是用来防敌人的，若里面的人是奸细，那么就容易将内部攻破，敌人也就进来了。譬如，内部员工为了一己私欲，将公司的机密信息泄露给竞争对手，利用内部的系统从事犯罪活动，亦或是在缺乏安全意识的情况下导致的失误，从而使信息系统出现故障问题等等情况。所以，只有让员工树立安全意识，全面提高道德品质才是最最重要的方面。需要应用一些有利的举措来加强内部人员的安全管理，避免一些失误或人为的欺诈、滥用设备所带来的风险。

人既是必要的又是存在隐患的，若想要维护与建设高技术现代化网络必须需要相关技术人员来操作，同时很多安全事故都来自人的因素，不管是有意无意都离不开人。因此，需要强化人员审核，千万不可以出差错。

安全管理的关键因素必然是人员的管理。关于人员的安全等级与其接触到的信息密级有着直接的关系，要按照计算机信息系统确定的密级将人事审查的标准确定好。就单位来看，按照密级程度可以将人员分为以下这几类：管理人员、信息系统的分析以及临时人员与参与人员、学习人员等。

人员安全审查可以从人员安全意识、法律意识以及安全技能等方面进行考虑。

三、人员审查标准

人员审查的标准一定要按照信息系统规定的安全等级来确定。同时，人员还需要具备以下这些基本素质：政治意识、思想进步以及正派的作风与合格的技术。

人员的安全等级和计算机信息之间存在着密不可分的联系，所以，人事审核的标准必须要依据信息系统所制定的密级来确定。如，对接触处理重要信息的系统的所有人都要按照人员的标准进行核查。

担任信息系统重要岗位的人员不仅要通过严格的政审，还要对业务能力进行考核，这类岗位包括安全负责人、系统管理员、安全管理员，以及保密员与系统操作人员等等。同时，工作人员的态度与表现也非常重要，还有品质等方面。关键岗位人员必须要是全职人员，而且还要最大限度地确保该岗位人员的可靠性。

选人主要是根据岗位的需求而定，制定出较为周密的选人方案。遵循"先测评，后上岗，先试用，后聘用"的原则。每一个员工在安全系统中的职权都要确定好；同时，他们的工作与日常活动范围不得超过完成任务的最小范围。工作人员的职责肯定有轻重之分，那些涉及重大机密的员工，不仅要将他们所需要承担的保密义务与相关责任明确规定出来，还要求他们做出相关承诺。

四、人员背景调查

不管是新员工还是准备入职的员工，甚至是已经上岗的员工，其背景与信息都要详细调查与记录，并对其进行备案。

一个人的品质可以从很多小事中看出来，优秀的品质其人品质量也是可靠的，若一个人平时的表现就不怎么样，就算暂时不犯事，久了也会变质。

所谓人事安全就是指审查一个人是否合适参与信息系统安全以及接触敏感信息，该人值不值得信任。具体可以从如下几点入手进行审查：

（1）考察一个人在政治思想方面的表现。

（2）是否有较强的保密观念以及是否懂得保密规则。

（3）验证申请人提供的学历与资格证明，确认其真实性。

（4）若申请人是推荐的，就要调查推荐者，还要看申请人是否具有满足条件的人品推荐资料（工作推荐或个人推荐）。

（5）提供独立的身份认证，例如护照等。

（6）若在面试当中发现有欺骗现象立即停止面试，并取消资格。

（7）对业务的熟悉能力。

（8）能否遵规守纪。

（9）有没有不良记录或者偏激的行为。

（10）考查申请人的价值观。个人环境对工作有很大的影响，这一点管理人员需要认识到。个人问题或者财务状况对他们的工作会造成一定影响，就会导致有旷工的行为；若员工的压力比较大，可能会造成欺骗、盗窃或引发其他安全事件的现象。如果出现这些情况，本单位需要通过当地法律途径来解决。

（11）网络安全认知程度高不高。

（12）作风如何，有没有越界或盗取资料的行为。

（13）身体状况也是很重要的一点，良好的身体素质才能保证在岗位上正常工作，若有精神疾病则不行。

除此之外，临时工与合同工也需要进行相似的核查。若申请人是中介机构介绍过来的，那么本单位还需要与中介机构签订相关合同，并说明中介机构对被推荐人要进行核查，并有这个义务，若中介机构并没有对被推荐人进行审查或对审查的结果有怀疑，都需要告知本单位。与此同时，对于那些新员工以及经验不足但已经授权能够接触到敏感信息的员工进行实时监视。还有一点需要注意，所有的工作人员都要进行定期核查，该活动程序由资历较深、可靠的老员工来制定。

第三节　岗位安全考核与信息安全专业人员的认证

明确好雇用员工的前期条件与考核评价的程序与方式这一步非常重要，因为能够避免那些品行不端或者技术能力不够的人员浑水摸鱼，同时，也可以避免在重要岗位上安排不适宜的人员，从而也将因新员工而发生安全风险的事故减少了。

所有的部门都要进行定期考核，主要是对人员业务与品质进行考核，主要内容包括了业务水平、工作表现、思想品质等等。若在考核中发现违反安全法规行为的人员，严重者进行解雇；若发现有不适于接触信息系统的人，立即将其调离岗位。

应聘的时候需要对终身雇员的以下几点因素进行核实：

（1）验证其身份信息。

（2）确认应聘者声称的学术语专业资格。

（3）检查其个人简历。

（4）对其优良品质进行有效核实。

除此之外，定期的考核也很重要，针对不同岗位的人进行考核，其内容包括业务技能、思想品质等等。若发现不适于接触信息系统的人需要立即调离。

单位有相应的升值制度，当一个员工从一般岗位向重要的岗位转移时，要对他的信用进行审查。同时，对于那些处在一定权利位置上的人员，也要定期进行这样的检查。

一、思想政治方面考核

关于思想政治方面的考核包括了能够遵守法律、法规，以及执行政策、纪律与规章制度，还有职业道德与劳动服务态度等。

二、业务、工作成绩考核

在考核时并不是每一个岗位的人都进行一模一样的考核，而是根据其职责而制定考核内容的，无论是业务理论水平还是操作技能都非常重要。同时，还有以下几个方面的内容：

（1）系统的密码有没有丢失；

（2）操作存在的异常情况有没有及时报告；

（3）有没有进行越权操作，或查阅无关的操作；

（4）有没有坚持在指定计算机上进行操作；

（5）是否出现系统管理员与程序员以及操作员岗位分离的现象；

（6）在机器运行的时候有没有做一些与工作无关的操作。

三、信息安全专业人员的认证

有很多机构都希望求职者的证书能够得到业界认证，这也预示着机构想要招聘通晓各类安全职位相关技术的员工。有很多求职者的证书上都持有认证，但机构对这些认证并不熟悉。这种情况下，认证机构也在努力想要让雇主与一些专业人员能够了解自己的认证程序的价值与资格。与此同时，作为雇主也希望能够找出认证与职位之间的共同点，而专业人员就尝试着按照新认证获取具有实质性的雇佣。本小节介绍已经获得广泛认可的当前和计划内认证。

（一）认证信息系统安全专业人员和系统安全认证从业者

安全经理与CISO最有名望的认证是认证信息系统安全专业人员（CISSP），CISSP还是由国际信息系统安全认证机构（ISC）所提供的两个认证之一。候选人必须持有以下十个信息安全领域当中的一个或以上领域的最少三年安全专业技术的工作经验，需要注意的是一定要是全职工作，才拥有参与 CISSP 考试的资格。关于 CISSP 考试的知识就包括了以下十个领域，同时，要在六个小时内完成 250 道多选题。

（1）法律与调研以及道德规范；

（2）密码学；

（3）持续性的业务计划；

（4）应用程序与系统开发方向；

（5）访问控制的系统与方法学；

（6）网络、电讯与 Internet 安全；

（7）安全管理的实践；

（8）操作的安全性；

（9）物理安全；

（10）安全体系的模型与结构。

考试通过以后，再经过有资格的第三方进行签字认可，才能够进行 CISSP 认证，这个第三方也是有条件的，一般而言可以是已通过 CISSP 认证的专业人员，已经得到允许、认证的专业人员或者是候选人的雇主。虽然从表面上看是为了保证认证人员达到一定的要求与条件，但是它在广度与深度上涉及的非常广阔，与这十个领域都有关联，因此也使得 CISSP 成了市场上最难获得的认证之一。候选人并不是在获得 CISSP 认证后就不需要管事了，想要将认证存留下来就必须要每三年进行一次继续教育。

想要同时掌握这十个领域难度极其大，因此，很多安全专业人员都会舍弃 CISSP 认证，而找寻其他稍微比较轻松的认证。而系统安全认证从业者（SSCP）就是国际信息系统安全认证机构所提供的第二个认证。对于信息安全国际标准精通水准与对一般性知识体系（CBK）的通晓状况就是由 SSCP 来确定的。该认证是面向安全管理员的一种认证，不适用于技术人员，原因是其大多数的问题都偏向于对信息安全操作性的理解。换句话来说就是，SSCP 主要集中于"要 IS 业界专家定义的实践、任务和责任"。而想要提高信息安全技术的人员也能够在该认证中获取相应的利益。

与 CISSP 相比，SSCP 的考试题目只有 125 道，同样也是多选题，时间规定为 3 个小时。不同的是，SSCP 所包括的领域只有七个，如下：

（1）密码学；

（2）管理；

（3）审计与监视；

（4）访问控制；

（5）数据通信学；

（6）风险与响应以及恢复；

（7）恶意的代码与工具。

同 CISSP 一样，若想要将 SSCP 认证保留下来，就必须要接受继续教育。SSCP 是不是 CISSP 的小弟弟？关于这个问题很多的回答为"是"。但其实它们之间并没有特别多的关联，SSCP 的 7 个领域并不隶属于 CISSP 中的 10 个领域，而是属于包含类似内容却又相对独立的结构。虽然 SSCP 认证会比较容易获得，但是为 SSCP 定义的一般知识体系其技术内容比 CISSP 的会稍微多一点。

（二）认证信息系统审计员和认证信息系统经理

认证信息系统审计员（CISA）虽包含了很多关于信息安全部分，但是它并没有集中于信息安全认证。由 CISA 与控制协会（ISACA）所提供的 LISA 认证主要是用于审计与网络以及安全专业人员，而用于信息安全管理专业人员的是认证信息系统经理（CISM）。任何 ISACA 认证都需要满足以下条件：

（1）必须要成功地通过必要的考试；

（2）需要有相关信息系统审计工作的经验，与认证有直接关系的专业经验至少需要五年。

（3）还需要遵守 ISACA 专业人员所具备的道德标准。

继续教育正常需要的维持费用，至少每一年有 20 个小时的继续教育面授课时。除此之外，在三年的认证期间最少需要 120 小时的面授课时。

CISA 认证所面向的人员是已经通过该考试的人。考试时间为一年一次，包括了信息系统审计的领域有如下几点：

（1）IS 的审计过程（10%）；

（2）IS 的计划与组织以及管理（11%）；

（3）技术的基础构架以及实践操作（13%）；

（4）还有信息资产的保护（25%）；

（5）事故恢复与业务的持续性（10%）；

（6）业务过程的评估与风险的管理（15%）；

（7）商务应用系统的购置与开发以及实现与保护（16%）。

CISM 是一种可以代替 CISA 的认证程序。该认证主要是面向于已经通过 CISM 考试的人员。考试时间也是一年一次，包含的信息系统审计领域有以下几个：

（1）21% 的信息安全监督知识；

（2）21% 的风险管理知识；

（3）21% 的信息安全计划管理；

（4）24% 的信息安全管理知识；

（5）还有 13% 的响应管理方面的知识。

不管是 CISM 还是 CISA 都有成为 CISO 与信息安全经理人员所期望获得的、被广泛认可的认证的可能性。

（三）全球信息保险认证

我们把网络与系统管理，以及安全机构又称为 SANS，于 1999 年间所开发的一系列技术安全认证被称为全球信息保险认证（GIAC）系列。GIAC 建立的时候还没有别的技术认证。那些想要从事技术安全工作的人员在 GIAC 使用前都可能得到厂家所指定的网络或计算认证，譬如 MCSE（Microsoft 认证系统工程师）以及 CNE（Noveil 认证工程师）。而现如今，不管是单独申请 GIAC 认证还是申请全面认证都可以实现，例如 GIAC 安全工程师（GSE）。而 GIAC 信息安全官（GISO）就是 GIAC 的管理认证。类似于 SSCP，GISO 是将基础技术知识与威胁以及最佳的实践理解所结合在一起的一个概观性认证。

GIAC 认证非常多，包括了：

（1）GIAC 安全要素的认证（GSEC）；

（2）GIAC 防火墙分析员的认证（GCFW）；

（3）GIAC 事故处理员认证（GCIH）；

（4）GIAC 入侵分析员认证（GCIA）；

（5）GIAC 法庭分析员认证（GCFA）；等等各类 GIAC 认证。

GIAC 与其他认证间还存在着一个显著的区别，申请者首先需要将书面的实践作业完成，即让自己的技术与能力通过实践证明出来。完成后交由 SANS 信息安全阅读室的安全专家们进行批阅，若合格即可参与在线考试，反之不行。

对 GIAC 认证有兴趣的人可以通过 SANS 的指导得到以下信息：

（1）只有实践作业被通过以后才能参与授权考试。

（2）将实践完成／研究论文或／和一或多个考试（随认证目标的变化而变化）。

（3）通过 GIAC 站点并在线完成特定的主题考试。绝大多考试都是 75 个多选题，而且考试时长为两个小时。有的考试则是 90 道问题，时间为 3 个小时。

（4）只有当实践作业被认可，并通过了考试之后，才可以授予 GIAC 认证。

其中，GIAC 认证的最顶点是 GIAC 安全工程师的认证，获得该认证的前提条件是，不仅要得到以上所有认证，还需要在某一个或以上的方面获得名誉。GIAC 除了测试申请者一个领域的知识，同时还需要将这些知识通过实践检测。

（四）安全认证专业人员

安全认证专业人员（SCP）认证属于最新信息安全学科的认证之一。该认证主要提供了 SCNP（安全认证网络专业人员）与 SCNA（安全认证网络设计师）这两种途径。这两种途径都有较为明显的技术成分，因为都是由安全技术人员所设计的；而且 SCNA 还强调了鉴定的原理。它们不会考虑真正的网络（MSCE 和 CNE 就考虑真正的网络）而是只集中于网络安全。

SCNP 主要集中于入侵检测与防火墙当中，而且还需要通过以下这两项考试：

（1）网络安全的基本原理（NSF）；

（2）网络的防御与措施（NDC）。

而 SCNA 认知需要通过的两个考试分别是：

（1）PKI 与生物测定学的概念与计划（PBC）；

（2）生物测定学与 PKI 的实现（PBI）。

这些程序与 GIAC 认证不同，也没有那么周密详细。但是还是能够为信息安全职业领域带来新的入门机制，也为从业者的专业技术能力提供了一种验证的途径。

四、给信息安全专业人员的建议

未来还会有更多的信息安全专业人员，当他们走进信息安全工作的领域时，可能是一片空白，以下这些建议可能会给迷失的他们带来曙光，如下：

（1）要牢记一句话，商务先于技术。解决商务问题的工具是技术方案。有很多信息安全专业人员都会有心虚的时候，因为他们想将最新的技术运用到根本不需要技术解决的问题上，这是一种错误的观念。

（2）找到问题的根源是问题评估中的第一步，只有弄清楚问题的来源，才可以根据政策找寻解决措施，看能否设计出与技术无关的方案，再通过技术的部署将该方案所需要的控制实现出来。对于某些问题而言，技术可以给予很好的解决方案，但是这对于另外的问题而言，只是徒增难度。

（3）时刻记住自己的本职工作是为了保护机构的信息与系统资源，不要与该目标背道而驰。

（4）要学会听，不要看。信息安全是一种透明存在的东西，对于用户而言是透明的。保护信息所使用的行动与用户的行为应该处于一个互不影响的状态，很少有这方面的例外。信息安全需要为终端用户提供帮助。定期提醒信息、培训通告以及时事通信是用户与安全小组间的唯一通信。

（5）切忌显摆自己的技能。与其到处向别人显摆自己，不如踏踏实实继续努力，自己不熟悉的方面进行多多磨炼，终有一天，这些技术会给予自己帮助。

（6）跟用户讲解时不要使用专业术语，尽可能让他们听懂。与用户交谈的时候，要使用通俗易懂的语言，不然别人就算听进去了也不会在脑子里存放多久。他们可能不懂保护系统需要些什么技术部分与软件、硬件，用他们能够听懂的语言告诉他们如何将预算减少就可以了。

（7）活到老，学到老。学习无止境。在当今这个信息技术不断进步的社会当中，什么是信息安全学习的尽头，可以告诉任何人，是没有尽头的，只有不断完善。就算此刻将最新的技能全部了解透彻了，还是会遇到各种不断变化的威胁，以及保护技术与商务环境变化的威胁。身为一名安全专业人员，必须要做到活到老，学到老，在整个职业生涯中不断充实自己。可以通过培训计划、定期开展研讨会以及去正规教育机构进行学习等等来实现。就算机构或自己暂时没有这个能力去进行学习进修，也可以通过一些简单的形式进行学习，如阅读相关书籍或新闻等，不要让自己与社会脱节，与市场保持紧密的联系。优秀的安全专业人员不管是使用哪一种方法，都不会将学习落下。

第四节　安全事故与安全故障反应

资产丢失或被损坏等等这些类似的事件都属于安全事故，若发生了让组织安全程序遭到破坏性的活动也是安全事故。不是什么事故都能在第一时间内察觉出来的，如商业机密被泄露。安全故障就是指信息系统不能正常工作或商务活动被终止，如软件故障。一旦发生一起安全事故和故障，就要找寻发生故障的源头，该事故中出现的错误坚决不能够再犯，同时组织需要将与事故、故障有关的管理部门确定出来，按照安全事故与故障的反应成立一个报告与反应以及评价与惩责的机制，如此一来，才能让各部门从中吸取教训，同时也将事故与故障带来的损失降到最低。如图 5-2 所示，这是安全事故和安全故障的反应过程。

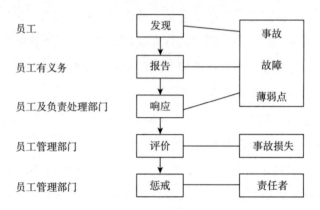

图 5-2　安全事故与故障的反应过程

一、确保及时发现问题

建立一些有些的管理渠道，让员工能够在第一时间发现并及时报告安全事故与故障，或者一些存在安全隐患的地方，如此一来就能够快速对其做出应对措施。

不管是负责信息安全的人员还是单位上任何一个无关人员一旦发现了安全事故与故障的发生就必须要上报，这是每一个员工的义务。组织还需要成立一个正式的报告程序，以便于能够对事故与故障以及薄弱点分别报告并做出响应，这对于发现事故的人员来说能够更准确地将事故的具体情况报告给部门主管。

（1）确定要报告的受理部门。

（2）明确报告的方法，如书面报告以及电话报告。

（3）报告内容需要：发生事故的地点、时间、系统名称、损害以及后果等。

（4）事故处理结果的反应要求，便于吸取此次教训，不再犯。

那些不易被发现的事故则需要借助相关的安全检测手段，如安全审计、入侵检测技术以及管理与技术的手段等等。

二、对事故、故障、薄弱点做出迅速、有序、有效的响应，减少损失

一旦发生安全事故，需要做出的响应是：判断此次事故属于何等类型，根据类型制定解决措施。事故的处理步骤需要根据以下因素来进行操作：

（1）首先要保证工作人员的安全。

（2）其次保护敏感资料。

（3）再次是重要数据资源的保护。

（4）然后是维护系统，避免系统被损坏。

（5）最后是将遭受到破坏的信息系统，将其损失降到最低。

软件与硬件故障会给信息系统带来一定的威胁，软件在开发时可能就存在着一些弱点，如 Windows 9X 操作系统不稳定、被计算机病毒所感染、一些人为的错误操作（不小心删除了系统的必要文件）等等原因，这些弱点可能就造就了软件故障；硬件故障又包括了两种，即设备设施故障与通信线路故障，设备设施自身的质量或运动维护不恰当就会导致发生故障，还有一些外界原因等等。当故障发生的时候，用户应该第一时间将故障的信息记录下来，并将其报告给主管部门，再由技术人员进行故障排除，将故障可能发生的原因详细分析，确定好故障原因后及时采取抢救措施，最后要对故障发生的原因做分析说明，对有关人员要实施惩戒措施，避免重复发生。

俗话说，金无足赤人无完人，系统也不可能是 100% 安全的，不管是其本身还是外界原因总会存在或多或少的缺陷。所以找寻并记录系统潜在的威胁非常重要。不管是技术上或是系统本身，亦或人员管理上所存在的缺陷，都要将其以报告方式报备给相关的部门以及人员，再由他们对有嫌疑的缺陷进行复查，将潜在威胁确定好风险程度，最后采取针对性的措施。

三、从事故中吸取教训

但凡有安全事故或故障发生，就要将其类型、程度，以及原因、性质乃至相关负责人等等都要进行反复确认，将该事故或故障形成一种评价资料。在进行信息安全教育与培训的时候，可以将这些事故或故障当作案例来分析，如此一来，就可以让相关人员从中学习到经验以及教训，除此之外，若再次遇到类似事故发生就能够及时处理。

四、建立惩戒机制

对违规的工作人员进行相应惩戒是非常有必要的，这样有利于员工能够严格执行组织信息安全方针与相关安全制度，也给其他人一个警告。所以，组织需要建立起有效的安全惩戒管理方法，把需要受到惩戒的情况以及需要提供的证据、惩戒的手段、审批等等要求明确地列出来。惩戒手段包括：经济处罚、调离岗位、行政警告，情况严重根据合同给予辞退，若触犯了法律则交由司法机关进行处理。

第五节 安全保密契约的管理与离岗契约的管理

一、安全保密契约的管理

所有在信息系统工作的人都需要签署保密合同，合同规定，在上岗第一天直到最后一刻的期间内对系统的安全做到绝对保密，若在此期间内违反保密合同将系统的密码泄露出去，必然会受到严重的处罚，若接触到机密信息，则将人员辞退并一段时间内不得离境，严重者还需要受到法律责任。

保密协议的目的就是对于信息保密性加以概括。员工在单位上岗期间需要与单位签订一份保密协议，该协议也是属于员工规章制度当中的内容。

还有一些临时人员或者第三方没有签署保密协议，如果他们需要与信息设备接触，那么在此之前就一定要签署保密协议，方可以进行接触。

如果员工需要离职或者是合同到期的时候，那么要再次审订保密协议。协议要明确规定员工在信息安全方面需要承担的责任与义务。特殊情况下，员工需要承担的职责在雇佣结束后的一段时间内也是生效的，当员工在此时间段内违反了安全制度，需要采取必要的行动。

签署安全协议是非常有必要的，这是为了保证信息安全的办法，也是让员工为自己行为负责的一种方式。协议内容必须包括：不得泄露商业机密以及做违反道德准则的问题等等。

二、离岗契约的管理

（一）离岗人员的安全管理

人员调离的安全管理制度是每一个单位都必须要有的，譬如，调离人员的同时立即将钥匙收回、交接工作、撤销账号、更换口令，并要求被调离的人员申明他需要承担的保密义务。

对于那些离开工作岗位的人员需要进行逐一调查，确认该员工有没有从事过极其重要的工作，一旦与信息处理设备有过接触，就需要对该员工的信用程度进行调查，尤其是处理过敏感信息设备的人员，如高度机密的信息设备等等。对于那些曾经掌握大权的员工，更要进行定期信用调查，做到防患于未然。

（二）调离人员

在调离人员离开岗位时需要做到以下几点：及时交接一切系统资源、将口令更换、重新申请离岗后需要承担的保密义务与责任。

对于那些不情愿被调离的人员，其手续必须要认真办理，包括一切被调离的人员，除此之外，还要进行调离谈话，告诉他们虽然被调离了但是保密责任还是需要承担的，并且将所有的钥匙与证件，以及技术手册等等相关资料一概收回。系统的口令要及时更换，该人员用过的账号全部撤销。上述工作必须在调离决定通知到本人的时候马上进行，刻不容缓，避免出现因不愿调离而恶意破坏系统的情况发生。

（三）解聘人员

若因为存在问题而解雇的员工，需要对其问题进行审查，并依照保密协议的规章制度进行处理，譬如，该员工有违法行为，就需要提出控告。

第六章

技术保障性研究

第一节　信息密码技术

一、信息加解密的基本概念

现代密码已经成为一门科学了，它是在某一个已知的数学难题上对密码进行设计并创立起来的。密码体制的加密以及解密的算法是公然可见的，而算法当中的可变参数（密码）则属于保密的。密码的安全性决定了其系统的安全性，攻击者在破解密码时所消耗的资源就决定了密码的安全性。如何对密码算法的安全性进行研究，主要有以下这两种方式：一，研究信息论方法的属于破译者，有没有充足的信息量对密钥系统进行破译，这侧重于理论的安全性；二，计算机的复杂性理论研究是破译者，其破译密钥与明文的时间与存储空间是否充足，这主要寄托在以下两个方面：第一是明文信息间相关特征与冗余度；第二就是密码体制自身，就是指明文与密文两者之间的相关度或者是相互信息。密码的设计和破译分析是一个互相对抗又竞争的过程，同时这也是推进当代密码学研究与发展的重要因素。

所谓信息的加密解密就是指利用密钥加密交换的使用，把信息的内容变成一种密文，从而保护内容，防止其泄露。当密文被合法用户接收以后，通过解密密钥将密文经过解密以后恢复成明文，如图 6-1 所示，该图就是该原理的整个过程。

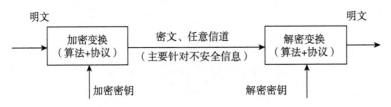

图 6-1　信息加密、解密基本原理

想要得到明文就必须要经过明文的对称变换，即将加密与解密变换对，方可使明文恢复初始样子，但是仅供合法用户获取，因为违法用户是得不到密钥的，因此也无法进行解密变换（处在非对称变换状态）。综上可得，密码技术除了其本身具有保密性之外，还要对密钥进行合理使用，根据密钥的类型可以将密码体系分为公开密钥（加密密钥）与对称密钥系（即加解密都用同一密钥）这两种。而密码技术的测度衡量又可以由安全测度与其他功能及实用性能测度这两个方面的内容组成。

密码编码学就是为了让明文的密码保持下来，并防止其被偷听者得知而泄露出去。一旦被偷听者知晓，就很有可能将收发者的通信给截获到手。密码分析学就是在不知密钥的情况下对明文进行恢复的一门科学，能够将明文或密钥恢复出来的密码分析都属于成功的。通过密码分析可以将密码体制当中存在的弱点找出来，然后得出以上结果（密钥通过非密码分析方式的丢失叫作泄露）。以下就是一些经常用到的密码分析攻击。

（1）唯密文攻击。

密码分析者的一些密文都使用同一种加密算法进行加密。将更多的明文恢复出来或将加密消息的密钥推算出来就是属于密码分析者的任务，从而便于使用同一种密钥将更多加密的消息解出来。

（2）已知明文攻击。密码分析者既可以得到一些消息的密文，还能够知晓这些消息的明文。他们的任务就是将加密的密钥利用加码信息而推算出来，或者可以将算法导出来，那么对于同一密钥加密的任何新消息都可以采用这一种算法进行解密。

（3）选择明文攻击。除了得到一些消息的明文与密文之外，分析者们还能够对加密的明文进行选择。相对于已知明文攻击而言，这种方法的效果显然更佳。如此一来，密码分析者就可以挑选特定的明文块进行加密，而那些明文块很有可能就会产生出更多与密钥有关的信息，此时，分析者的任务就是将加密消息的密钥给推出来，或者将某一种算法给导出来，与已知明文攻击一样，该算法能够对用同种密钥加密的任何新消息进行解密。

（4）自适应选择明文攻击。这属于一种特殊状况。分析者们既能对加密明文进行选择，还可以在基于之前加密的结果上面对该选择进行修正。与选择明文攻击相比，自适应选择明文攻击只能选择一些比较小的明文块，再在第一块结果的基础上进行挑选下一块，以此类推。

（5）选择密文攻击。密码分析者除了可以选择不一样的被加密的密文之外，还能够获取相对应的解密明文，譬如，假设密码分析者存取了一个能够防篡改的自动解密盒，那么他的任务就是将密钥推出来。在公开密钥体制当中适用于这种攻击。

（6）选择密钥攻击。该攻击仅能够证明分析者拥有不一样的密钥间关系的相关知识，不能够代表分析者可以选择密钥。

（7）软磨硬泡攻击。所谓软磨硬泡攻击就是指密码分析者采用一种特殊的手段将密钥拿到手，如威胁、勒索等。我们把行贿的方式又称为购买密钥攻击。以上这些攻击效果都是显而易见的，同时还是破译的好途径。

二、信息加密的分类

可以按照不同的角度与标准，将密码分为以下几个类型。

（一）按照应用技术与历史发展的阶段进行划分

（1）手工密码。所谓手工密码就是指利用手工的形式将加密作业完成，或采用简单的器具来进行辅导操作的密码。这种作业形式主要用于第一次世界大战之前。

（2）机械密码。所谓机械密码就是通过机械密码机或者电动密码机将加/解密作业的密码完成。在第一次世界大战出现到第二次世界大战当中该密码普及应用。

（3）电子机内密码。利用电子电路，用非常严谨的程序做逻辑运算，利用少量的制乱元素将加密乱数大量生产出来，因为其制乱是不需要提前制作的，它可以在加解密的过程当中完成，因此，将其称为电子机内密码。这种密码主要应用在20世纪50年代末期一直到20世纪70年代间。

（4）计算机密码。计算机密码的特点是采用计算机软件编程，然后进行算法加密，这种密码比较适宜于对计算机数据保护与网络通信等。属于一种用途广泛的密码。

（二）按保密程度划分

（1）理论上保密的密码。所谓理论上保密的密码又被称为理论不可破的密码，无论已经得到了多少密文与计算机的能力有多大，这种密码对明文来说始终是不能得到唯一解的密码，随即一次一密的密码就属于这种密码。

（2）实际上保密的密码。所谓实际保密的密码就是指虽然能够在理论上破解，但是在现阶段的客观条件下，该密码的唯一解是无法通过计算机来确定的。

（3）不保密的密码。这种密码就是指当密文达到一定数量时就可以将唯一解的密码得到。例如，早期单表示密码，明文加少量密钥等密码，都属于不保密的密码。

（三）按密钥方式划分

（1）单密钥密码，又被称为对称式密码。这种密码就是指收方与发方两者所使用的密钥相同。这种密码的种类繁多，如传统的密码。

（2）双密钥密码，又称为非对称式密码。改密码与上面那种正好相反，就是指收发双方所使用的密钥不一样。属于该类密码的有：现代密码当中的公共密钥密码等。

（四）按明文形态划分

（1）模拟型密码。用于加密模拟信息。譬如，将动态范围之内的连续变化的语言信息进行加密的这种密码就叫作模拟型密码。

（2）数字型密码。顾名思义，这种密码主要是对数字信息进行加密。将两个离散的电平组成一个 0、1 这种二进制关系的电报信息进行加密，我们把该密码称为数字型密码。

（五）按加密范围划分

（1）分组密码。第一步就是将明文的序列用固定的长度进行分组，每一组的明文都属于一样的密钥与加密函数对其进行运算。一般而言，为了将运算速度提高以及存储量减少，密钥的长度会被限制，因此，系统安全的关键因素就是加密函数的复杂性。已经分组的密钥通常都是使用 Shannon 提出来的迭代密钥体制，就是指将一个稍弱的密钥技术函数进行多次的迭代，然后使其密钥函数变得更强，每迭代一次为一轮，每一轮的加密就是由上一轮的输出与本一轮密钥通过替代盒来进行。每一轮所产生的子密钥都是不一样的，是通过主密钥控制之下的密钥编排算法所获取的。分组密码设计的核心就是将具有可逆性以及有很强的非线性的算法给构造出来。加密函数对代替与置换这两种基本的加密变换进行了重复的使用，即于 1949 年间，Shannon 发现了隐蔽信息混乱与扩散这两种技术。所谓混乱就是将信息块进行改变，使其输出位与输入位之间没有显著的统计关系；而扩散就是指把密钥的效应与明文位传送到密文的其他位去。除此之外，移位与扩展要在基本加密的算法前后进行。

（2）序列密码。将报文、图像、数据等一些原始的信息转换成明文数据序列，再把它同密钥的序列进行逐位生成密文序列，将其发送给接受者，这一过程就属于序列密码的加密过程。然后接受者采用一样的密钥序列对明文序列进行逐位解密，使明文序列恢复。密钥序列决定了序列密钥的安全性强度。而密钥序列就是由为数不多的密钥通过密钥序列产生器所产生的大量伪随机序列。密钥序列产生器的重要组成部分就是布尔函数。

（六）按编制原理划分

按编制的原理可以分为代替与置换、移位三种，以及它们的组合形式。从古至今的密码，有简单的，有复杂的，甚至是形态万千的，不管其变化设计得多么烦琐，其编制的原理也都是按照这三种原理所设计的。这三种原理在密码的编制与使用当中能够互相交融、灵活多变。

三、信息加密方法

任何网络上其通信安全所依赖的基本技术就是数据加密技术。信息加密有链路加密方式、节点对节点加密以及端对端的加密这三种方式。

（一）链路加密方式

将网络上所传输的数据报文每一个比特进行加密的这种方式就叫作链路加密方式，该方式通常是使用于网络的通信安全当中。除了将数据报文正文的信息进行加密以外，还可以对路由信息与校验和等控制信息进行全部加密。故而，数据报文在传输过程中，输送到某一个中间节点的时候，想要获取路由信息与校验和就必须要要进行解密，然后对路由进行选择，以及检测差错，再进行加密后向下一个节点发送出去，这样连续下去，一直到数据报文抵达目的地截止。需要注意的是，链路加密的方式并不是对所有数据都进行加密，它对网络节点当中的数据并不进行加密，只对通信链路内的数据加密。网络当中的每一中间节点都需要安置安全单元即信息加密机，靠近的两个节点所使用的安全单元所使用的密钥是相同的，且中间节点上的数据报文都是以明文的形式显现的。该方式也有一定的优缺点，其优点在于不会被来自加解密对系统要求变化等等所影响，易于采用；而缺陷就是需要当前的公共网络提供者进行配合，将他们的交换节点进行修改，使用起来会有一定的不便利。

（二）节点对节点的加密方式

可以安装一个用于加解密的保护装置在中间的节点上，以此将数据是明文的这一缺陷给解决，就可以通过保护装置把一个密钥向到另一个密钥之间的变换来完成，那么明文也不会出现在节点当中了，节点对节点加密方式与链路加密方式有一个相同的缺陷，就是都需要目前公共网络的提供者进行配合，将他们的交换节点修改，从而增加保护装置或安全单元。

（三）端对端加密方式

这种方式就是指加解密都只在源目的节点上进行，发送方加密的数据没有抵达最终目的地接收的节点前是不可能进行解密的。如下想要实现按照各通信对象的要求将加密密钥改变以及按照应用程序进行密钥管理等等这些要求就可以利用这种加密方式来实现，文件加密也可以采用该方式来解决。端对端加密方式与链路加密方式有所不同，链路加密方式主要是保护整个链路的通信，而这种是保护整个网络系统。由此可见，这种加密方式更顺应社会的发展，也会是未来的一种趋势。

四、信息加密原理与标准

（一）对称密钥加密体制

在加密的过程中，信息的加解密所使用的密钥都相同，这就叫作对称密钥加密体制，它又称为私钥加密体制。如图 6-2 所示，这就是它的通信模型。

图 6-2 对称密钥加密机制

对称密钥体制又可以分为两种：分组密码与序列密码。其中，由密钥与密码算法这两部分所组成的就是序列密码，这种密码相较于分组密码而言，其安全性更高以及运算的速度越快。目前已有远超 100 个的公开私钥密码加密算法，最著名的算法就是：美国的 RC5 算法与 DES 算法，来自欧洲的 IDEA 算法，以及日本的 FEAL 与澳大利亚的 LOKI91 算法等等。下面简单介绍几种算法。

第一种，DES 算法。

1977 年，被美国标准局（当今美国标准与技术协会）作为第 46 号联邦信息处理标准所使用的数据加密方法就是标准的 DES，也是当前使用范围最广的单密钥体制加密的一种方法。DES 当中的数据都是以 64bit 的分组形式进行加密的，其密钥的长度是56bit。该加密算法通过一连串的步骤将64bit的输入转换成为64bit的输出，一样步骤与密钥运用到解密的过程中。如图6-3所示，这是DES的总体方案图。

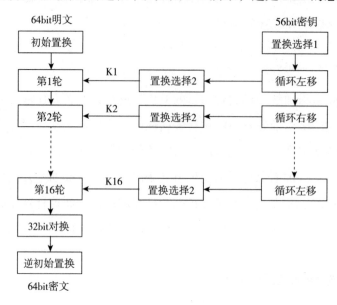

图6-3 DES加密算法表示

与任何一种加密方案一样，DES的加密函数也有待加密的明文与密钥这两个输入。图6-3的左边，明文的处理已经经过了以下三个阶段。第一阶段，64bit明文通过初始置换IP以后，将比特进行重排，然后经过置换的输入就产生了。第二，由同一个函数进行16轮循环组成的，该函数其自身就包含了置换与替代函数。64bit将最后一个循环的输出组成，它属于输入明文与密钥的函数，该输出的左右两边的部分经过交换以后获得了预输出。最后的阶段就是由预输出通过一个置换IP将64bit密文生产出来，该置换就是初始置换的逆置换。看图6-3的右边部分，将56bit密钥的使用方式展现了出来。密钥第一步也是通过一个置换函数，接下来对16个循环当中的每一个，然后通过一个循环左移与一个置换操作的结合将一个密钥Ki产生出来。不管是哪一个循环，所置换的函数都是一样，而它们所产生出来的子密钥却是不一样，为什么呢？因为密钥比特会进行重复的移位。DES的解密算法和加密是一样的，但是它的子密钥其使用次序要反过来。

第二种，IDEA算法。

James Messey属于IDEA的前身，于1990年完成，又称为PES（Proposed Encryption Standard）算法。在1991年，经过Biham与Shamir额差分密钥进行分析研究后，将密码抵御攻击的能力提高了，就把这个算法称作IDES，于1992年，

IDES 被正式命名为 IDEA（International Date Encryption Algorithm），即国际数据加密算法。时至今日，IDEA 这种分组密码算法被认定为最好、安全的。

IDEA 的分组形式是以 64bit 的明文块所进行的，密钥是 128bit。该算法可以用来加解密。IDEA 在操作上使用了混乱与扩散的等等，其算法所蕴含的设计思想是"在不同的代数组合中的混合运算"。它主要包括了异或、模乘与模加这三种运算，易于使用软件与硬件来实现。IDEA 其密码安全分析为：IDEA 的密钥长度是 DES 的两倍，为 128bit。遇到穷举攻击时，IDEA 要经过 2128 次加密才能让其复出密钥。如果芯片每一秒钟能够检测出 10 亿个密钥，那么它将会检测 1013 年。IDEA 算法只需要进行循环四次就能够将差分密码分析拒之门外了，根据 Biham 的观点来看，一些相关的密钥密码分析对于 IDEA 来说，起不了什么影响。如果对密钥进行随机选择，所产生弱密钥的概念也很低，因此，就算是岁密钥进行随机挑选其危险性也非常小。

第三种，LOKI 算法。

于 1990 间由澳大利亚人将 LOKI 算法提出来，它属于 DES 算法当中的一种潜在替代算法，也是使用 64bit 密钥对 64bit 数据进行加解密的。

LOKI 算法机制与 DES 相比是差不多的，都是先将数据块与密钥进行异或操作，但是与 DES 的初始变换不一样。该算法用软件可以容易将其实现，而且密码学上的优点它也具备，先将数据块对半分，分成左右两块，然后再进入 16 轮循环。每一块进行循环的时候，右边的这一块先与密钥异或，随后通过扩展变换，一个 S 盒更换与一个置换。S 盒一共有 4 个，每一个都是输入 12bit 输出 8bit，当最后一个进行变换以后，右边这半部与左边的半部进行分异，或者是变成下一步的左半部分，而下一步的右半部分就是由原来那左半部分所分成的。在 16 轮的循环过后，数据块与密钥异或就产生了密文。这 16 轮循环当中的子密钥就是直接通过初始密码所形成的。首先是将 64bit 密钥分为左部分与右部分。经过每一轮循环，子密钥就是左半部分。再把左半部分往左循环进行移位 12bit，而后左半部分就与右半部分进行交换。与 DES 相同，子密钥的使用被进行一些更改后，就可以将该算法用于加解密当中了。

（二）非对称密钥加密体制

所谓非对称密钥加密体制又被称为公开密钥加密，就是指在进行加密的过程当中，将密钥分解成了一对。该密钥当中的任意一把都可以当成公开密钥，然后以一种非保密的方式公开在他们眼前，而其中的另外一把就是以一种私有密钥的形式保存起来。在对信息进行加密时可以用公开的密钥，而对加密信息进行解密的时候则使用私有密钥。如图 6-4 所示，这属于该加密体制的模型图。

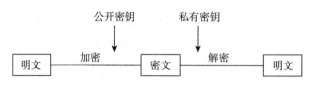

图 6-4 非对称加密机制

1. RSA 公钥体制

1978 年，李维斯特（Rivest）与沙米尔（Shamir）以及阿德勒曼（Adleman）将第一个公钥密码体制提了出来，即 PKC，该体制也属于当前在理论上最完善的公钥密码体制。其安全性在大整数的分解（已知大整数的分解是 NP 问题）的基础上，其构造是在 Euler 定理的基础上进行的。

第一步，用户需要选择一对不一样的素数 p 与 q，将 n=pq 以及 f（n）=（p-1）（q-1）计算出来，同时，找出一个和 f（n）互素的数字 d，将其逆 a 计算出来，也就是 da=1mod f（n）。那么密钥空间 K（n，p，a，d）。加密过程为 m8modn : c，解密过程为 cdmodn=m。其中 m 表示明文，c 为密文，n、a 为公开的，保密的则是 p、q、d。

假如，d 是在未知的状况下，要想在公开密钥 n 与 a 当中将 d 只有分解大数 n 的因子算出来，而大数分解这个问题非常难以解决。李维斯特、沙米尔和阿德勒曼采用已知的最好的算法评估了分解 n 的时间与其位数之间的关系，采用运算速度 100 万次 /s 的计算将 500bit 的 n 分解了出来，1.3×1039 是计算机分解操作数，而 4.2×1025 则是它的分解时间。由此可见，通常情况下，RSA 的保密性能相对良好。但 RSA 还会牵扯到高次的幂运算，如果使用软件的方式实现显然不太合理，因为速度会很慢，特别是当加密数据非常多的时候，像这种情况一般都是采用硬件来辅助 RSA 进行提速。

2. Elgamal 公钥体制

所谓 Elgamal 公钥体制就是一种基于离散对数的公钥密码体制。有限域 Zp 上的离散对数问题是这样的：I=（p，α，β），其中，素数是 p，而 α 就是 Zp 的一个本原元，β 则源于 Zp*。则求一个唯一的 α。0 ≤ α ≤ p-2，促使 αn ≡ β（modp）是一个离散对数问题。若 p 是进行了仔细的挑选，那么上面所讲述的离散对数问题就属于一个难以解决的问题。

由于 Elgamal 公钥体制当中的密文既依赖于待加密的明文，同时又依附于随机数 K，因此，用户所选择的随机参数是不一样的，也就是说明文的加密相同，所获取的密文也是不一样的。这种加密算法又被称为概率加密体制，顾名思义，它是一种无法确定的算法。在确定性的加密算法当中，若破译者对基本的关键信息产生兴趣，那么他可以在这之前将这些信息进行加密并储藏起来，目的就是对以后所获取的密文进行查找，进而将相应的明文得到。有了概率加密体制的渗入，其安全性就有了一定的保障。如果想要对已知的明文攻击进行抵御，那么 p 就至少会要 150 倍，即十进制，同时，p-1 还必须要具有至少一个大素数因子才可以。

Elgamal 签名体制同既可作公钥加密又可做数字签名的 RSA 不一样，前者是于 1985 年为数字签名而建造的，且仅为其建造。经过修改后的 Elgamal 签名体制被 NIST 用来作为数字签名的体制标准。将 Elgamal 签名体制等价于求解离散的对数问题给破译出来。

第二节　数字签名技术

现如今很多文件都是通过计算机网络进行通信的，这种方式不便于亲笔签名或是盖印章，从而无法准确地确认发信息的人，甚至有的人会利用这一点来伪造对方发送了文件等等现象。那么数字签名就是解决这类问题的一种方法。

数字签名就是通过一个单向的函数对需要发送的文件进行处理而实现的，目的是证明报文的来源并核实其有没有发送改变的一个字符串。就目前而言，数字签名的建立是基于公钥体制上的，属于公用密码加密技术的另外一个类型的应用。

一、数字签名原理

主要有以下四个原理：

（1）发送方将要发送的报文通过一种哈希算法将报文上面生成一个固定长度的字符串，我们将其称为报文摘要，同时，还需要注意的一点是，每一种不同的报文其得到的摘要是不一样的，反之，相同的报文所生成的摘要却是唯一的。

（2）发送方在发送报文的时候需要把数字签名作为报文的附件与报文一并发送到接收方。

（3）发送方要采用专属于自己的私有密码来给报文摘要加密，并使其形成自己的数字签名。

（4）对于接收方而言，要将收到的原始报文中使用同一种算法将新的报文摘要计算出来，然后用发送方的公钥将报文附近的数字签名进行解密，将两个报文摘要进行对比，确认无误的话，那么接收方就能够认定该数字签名确实是发送方的。

二、数字签名的功能

在一般性质的商业活动当中，都会要对文书进行亲笔签名或者要盖章，以此来鉴别该文书的真假性，从而实现生效的作用，一旦生效就具有一定的法律效应，双方都要按照契约的规定履行相应的责任。而相对于电子商务而言，不可能做到亲笔签名或者印章，那么为了证实文件的真实性以及发送文件当事人的真实身份，就可以利用数字签名这种方式。

保障信息传输过程中的完整性以及证实发送者的真实身份就是数字签名的意义。现如今，为了达到某种目的，很多人都会采用一种不正当的手段，例如伪造发送者、冒充发送者，甚至有的人为了脱罪否认是自己发送的等等现象，数字签名就是为了避免这些不必要的麻烦而产生的。如此一来，接受者就不能伪造假的发送者，也不能对发送者的文件进行随意篡改等等。

第三节　无线网络安全

一、无线局域网概述

所谓无线局域网就是指不需要线缆介质，直接通过电磁波在空气当中进行接收数据与发送数据，英文名称 Wireless Local Area Networks，简称 WLAN。无线局域网在现阶段应用得非常普遍，它是传统有线网络的一种延伸，无线局域网具有很强的自由感，能够让个人脱离办公室还能继续工作，不仅能够及时获取相关信息，还可以将工作效率提高一个度，不再局限于办公室工作。当然，WLAN 的优势还不止如此，它便于联网技术的实施与操作，譬如，某企业当中进入了一名新员工，WLAN可以非常快速地接纳他，就省去了那些烦琐的网络用户管理配置等等。像一些传统的有线网络，需要进行大范围的布线等等工程，而无线局域网的使用方案就方便了很多，不需要在墙上打孔，也不需要烦琐的布线工作，简单方便，这对于建筑设施而言也是一种保护。

现如今，很多人都随时携带无线网络，只要将一块无线网卡装入笔记本电脑上面，那无线就会跟随你浪迹天涯，旅游在外或是出差都不再受到有线网的局限，尽情脱离线缆进行无线漫游，当领导在外地出差的时候，不需要当心下级员工不会收到自己的指令，可以进入自己的公司内部局域网对下属发达电子指令，该操作已经在广泛实施了，非常方便。

值得开心的是，WLAN 进行数据或信息传送的速率已经达到了 1Gbps，网速非常快，下载大文件的时候也不用担心需要耗时很久了，而且传输的距离可达到 20km 以上。当听到这个数据时，是不是特别感慨，这就是无线局域网的魅力所在，它在有线联网上进行了不断延伸与拓展，实现了计算机的可移动性，成功地将有线方式难以实现的网络连接问题进行了圆梦。

以下几点就是无线局域网的特征：

（1）便于安装：像传统的网络建设，不仅需要耗费几个工程，还需要对周遭环境进行相应破坏，因为需要进行布线工程，这个过程当中则需要进行挖墙造地、架管穿线等等。而 WLAN 的出现不仅能够很快速地进行安装，还免去了网络布线的工程量，通常只需要安装一个或者一个以上的无线接入点设备便可，轻松的步骤就能够实现无线局域网覆盖整个地区。

（2）使用灵活：传统的有线网络，放置的区域也有讲究，局限于网络信息点。无线局域网就不会受到这边因素的影响，因为它的信号能够覆盖在区域内的任何角落里。

（3）经济成本低：很多人会有疑问，如果无线局域网这么好，那花费肯定要多，为什么会更节约呢？因为它的灵活性避免了很多大工程的改造，像有线网络，为了尽量满足未来发展的需要，导致要预设大量的利用率较低的一些信息点，若网络发展超出规划，还得消费更多资金以及人力物力对其进行改造，来来去去就花费不少，而 WLAN 就可以成功免去了以上这些可能存在的必要花费。

（4）容易进行扩展：无线局域网并非限制配置，其配置不仅多，还可供多种用户选择。譬如，大企业需要大型网络，家庭需要小型网络，无线局域网都可以满足。不仅如此，无线局域网还可以提供"无线漫游"（Wireless Roaming）等这类有线网络无法实现的功能。

无线局域网承载着这么多的优点，使其在发展的道路上也非常畅快。现阶段，只要你出去一趟，吃个早饭，买杯奶茶就可以享受到无线，它的使用范围已经遍布了几乎所有地方，譬如，像学校、医院、工厂等那些不适合布线的公共场所，它的到来给我们生活提供了非常多的便利。

当今这个社会很多东西的更新换代都特别快，很多东西的问世都是为了弥补老版本所实现不了的功能，而无线网络亦是如此，为了实现有线所实现了的功能，无线就诞生了。看上去它的优势非常多，但是与有线相对比，它还是存在着诸多方面的不足。虽然无线网络的各方面都比较突出，但是其价格比较高，而且它主要面对的是它的特定客户。我们只能说无线与有线之间是相互依存的关系，两者之间存在互补关系，它们不是竞争对手，也不会被替代，他们就像是一对父子，无线在有线的基础上茁壮成长，但还是不能完全与有线脱离关系。就近几年而言，无线局域网产品价格上有所降低，其相关的软件也慢慢变得更加成熟完善，就像是一个孩子逐渐长大。除此之外，无线局域网还将与广域网进行有机结合，将提供移动互联网的多媒体业务。按照它的发展趋势，相信不久它能够借助自身的优势将其作用发挥得更大、更有意义。

二、无线局域网的标准

当前能够支持无线网络的技术标准已经层出不穷了，譬如，IEEE802.11x 系列标准、蓝牙技术以及家庭无线网络等等。

（一）IEEE802.11x 系列标准

IEEE 于 1997 年 6 月将第一代无线局域网标准——IEEE802.11 给推行了出来。为了将这一标准进行不断更新与完善，最终形成了 IEEE802.11x 系列标准。第一代 IEEE802.11 标准规定在物理层面上准许使用红外线与跳频扩频以及直接序列扩频这三种传输技术。其中，红外线的数据传输主要是根据视距方式进行传播，中间不能够有任何阻拦，必须要求从发送点直接看到接收点。该类传输技术又分为定向光束红外传输与全方位红外传输以及漫反射红外传输这三种。

把数据基带信号频谱进行扩展几倍或者以上更多的方法就是扩频通信，这种方式主要是把通信带宽牺牲掉，以此作为代价从而将无线通信系统的安全性与抗扰性给提高起来。以下两种方式就是扩频技术的主要形式：

（1）跳频扩频：所谓跳频扩频就是指将发生信号的频率依据固定的间隔从一个频谱往另一个上面跳去。使得接收器和发送器能够进行同步的跳动，如此一来，就可以接收到正确的信息了。如果有入侵者想要截取信息，那么他们所得到的信息将会毫无意义，只是一个没有价值的标记。发送器是根据固定的时间间隔，将发送频率一次转换一个。在 IEEE802.11 的标准规定当中，需要在每 300ms 的间隔里将频率进行一次变换。而发送频率变换主要是通过伪随机数发生器所产生出来的伪随机号码来确定顺序的，需要注意的是，发送器与接收器它们所使用变换的顺序是一样的。

（2）直接序列扩频：所谓直接序列扩频就是指在输入一个数据信号时会进入一个通道编码器当中，并且会产生一个与某中央频谱相类似的不够宽广带宽的模拟信号。而调制这一信号的则是一组看似随机实则是伪随机的数字，调制的结果就是为了将那个不够宽的需要传输信号的带宽进行拓展，故而称其为扩频通信。同时，接收端恢复原信号的方式也是利用伪随机码来进行，信号会再次进入通道解码器对原传送的数据进行复原。

1. IEEE802.11

这是第一代无线局域网标准，于 1996 年 6 月由 IEEE 所推行出来的。物理层与介质访问控制子层的协议规范就是由 IEEE802.11 标准所定义的，在该标准当中，最高的数据传输速率仅能至 2Mbps，而它的工作则在 2.4GHz 频段当中。

2. IEEE802.11b

所谓 IEEE802.11b 就是指无线相容性认证（Wireless Fidelity，Wi-Fi），它的运用就利用了 2.4GHz 频段。所谓 2.4GHz 的 ISM 频段在全球的绝大多数国家中都可以使用，故而使得 IEEE802.11b 也受到了普遍使用。其最大的数据传输速率是 11Mbps，不需要直线进行传播。若动态速率进行转换的时候，会使得无线的信号变弱，那么就可以将传输速率降至 5.5Mbps 或 2Mbps，甚至更小，实际情况根据现实要求进行降低。它室外所支持的领域为 300m，办公环境当中 100m 为最长。任何 WLAN 标准都是基于 IEEE802.11b 上进行演进的，在之后的很多系统当中，绝大多数都需要和它进行向后兼容。

3. IEEE802.11a

该标准则是在 IEEE802.11b 标准这个得到普遍使用的基础上所产生的一种后续标准。主要在 5GHz 频段上进行工作，也正是这个原因导致 IEEE802.11a 标准与 IEEE802.11 以及 IEEE802.11b 标准都不相兼容，IEEE802.11a 标准的数据传输速率高达 54Mbps。

4. IEEE802.11g

为了能够有更高的数据传输速率，于是 IEEE802.11g 标准就被制定出来了。它所采用的是 2.4GHz 频段，它所应用的 CCK 技术，即补码键控（Complementary Code Keying）以及 IEEE802.11b 向后兼容，除此之外，IEEE802.11g 标准还应用了 OFDM 即正交频分多路复用（Orthogonal Frequency Division Multiplexing）技术支持高达 54Mbps 的数据流。

5. IEEE802.11n

可以利用该标准将 WLAN 的数据传输速率从 IEEE802.11a 与 IEEE802.11g 所提供的 54Mbps 提高至 300Mbps，还有可能将其提高至 600Mbps。然后把 MIMO 技术同 OFDM 技术有机组成的一种技术——MIMO OFDM，将无线传输质量以及数据的传输速率给大大提高与提升。该协议标准与传统的 IEEE802.11 协议标准有很大的区别，这种协议标准是一种双频工作的模式，主要包含了两个工作频段，即 2.4GHz 与 5GHz。如此一来，该标准就能够保证同之前的标准（即 IEEE802.11a、IEEE802.11b 与 IEEE802.11g）相互兼容。

6. IEEE802.11ac

这种标准就是基于 IEEE802.11a 标准所建立的，与 IEEE802.11a 使用的频段一样，都是 5GHz 频段。但是在信道设置上面，与 IEEE802.11a 不一样，IEEE802.11ac 是秉持了 IEEE802.11n 所使用的 MIMO 技术。该标准每条信道的工作频率在 IEEE802.11n 的 40MHz 上有了很明显的提升，高至 80MHz，还有可能会达到 160MHz，同时它还有 10% 左右的实际频率调制效率提升，最终的理论数据传输速率将会基于 IEEE802.11n 最高的 600Mbps 上提升至 1Gbps，这是一个非常大的飞跃，这个速率在一条信道上进行多路压缩视频流同时传输都足够了。

7. IEEE802.11ad

该标准主要是给以家庭为单位的多媒体应用提供更完善的高清视频，像一些家庭内部无线高清音视频信号之间的传输就是用 IEEE802.ad 所实现的。它不再是使用 2.4GHz 与 5GHz 频段，它所应用的则是高频载波的 60GHz 频谱。很多国家都有大段的频率供 60GHz 使用，所以，在 MIMO 技术的支持下 IEEE802.11ad 能够实现多信道同时进行传输，不仅如此，而且每一条信道的传输带宽都会高于 1Gbps。值得注意的是，该标准的最大数据传输其速率能够高达 7Gbps。

如表 6-1 所示，这是 IEEE802.11x 系列标准当中每一个不同标准的工作频率与最大数据传输速率。

表 6-1　IEEE802.11x 系列标准的工作频段与最大数据传输速率

无线标准	工作频率	最大数据传输速率
IEEE802.11	2.4GHz	2Mbps
IEEE802.11b	2.4GHz	11Mbps
IEEE802.11a	5GHz	54Mbps
IEEE802.11g	2.4GHz	54Mbps
IEEE802.11n	2.4GHz 与 5GHz	600Mbps
IEEE802.11ac	5GHz	1Gbps
IEEE802.11ad	60GHz	7Gbps

（二）家庭无线网络技术

我们把那种专门给家庭用户设计的一种小型无线局域网技术称作家庭无线网络技术，简称 Home RF（Home Radio Frequency）。所谓家庭无线网络顾名思义就是指无线区域就是一个家庭，那么它的范围就是比较小的，这种技术是数字无绳电话（Dect）与 IEEE802.11 标准组合而成的，它的宗旨在于将语言数据通信的成本减小。Home RF 进行语言通话的时候，所应用的标准就是数字增强型无绳通信；当它进行数据通信的时候，所采用的标准又不一样，则是 IEEE802.11 标准当中的 TCP/IP 传输协议。

家庭无线网络技术其工作频率是 2.4GHz。它最大数据传输速率在 2000 年 8 月之前是 2Mbps，在这之后最大数据传输速率有明显提升，可达至 8 至 11Mbps，其主要原因是获得了美国联邦通信委员会的允许。该技术能够实现的设备互联最多为五个。

（三）蓝牙技术

我们把短距离的无线数字通信的技术标准称为蓝牙技术，它主要是在 2.4GHz 的频段中进行工作的，其数据传输速率最大是 1Mbps，其中 721kbps 速率为它的有效数据传输，0.1 至 10m 这个距离是传输的距离，如果发射功率有所增多的话可达到 100m。

蓝牙技术我们并不陌生，它主要应用在手机与电脑以及各种数字终端设备上，主要是用于这些设备之间的通信与连接，蓝牙可以进行设备之间的传送，将一台设备上的软件或其他东西传送到另一台手机上。

三、无线局域网接入设备

不管是什么类型的无线产品差不多都有无线发射与接收的功能，而组建一个无线局域网需要用到的设备也不少，譬如，无线路由器与无线网卡，以及无线访问接入点等等设备。下面就一起来认识认识这些基本的设备。

（一）无线网卡

无线网卡的作用与有线网卡在有线网络当中所发挥的作用是一样的，它是连接在无线网络上的一种终端设备。它的分类标准主要是根据其接口进行分类，一般而言可以分为以下这几种。

（1）PCI 接口无线网卡，如图 6-5 所示，这类网卡主要适用于台式机当中。

（2）PCMCIA 接口无线网卡，如图 6-6 所示，这种网卡是笔记本电脑的专用无线网卡。

图 6-5　PCI 接口无线网卡　　　　图 6-6　PCMCIA 接口无线网卡

（3）第三种网卡就是一种常见的 USB 接口的无线网卡，如图 6-7 所示，这一种网卡既可以适用于笔记本，又能适用于台式机。

（4）第四种是 MINI-PCI 接口的无线网卡，如图 6-8 所示，该网卡是笔记本电脑的内置当中的。

图 6-7　USB 接口无线网卡　　　　图 6-8　MINI-PCI 接口无线网卡

（二）无线访问接入点

所谓无线访问接入点，简称 AP，即 Access Point，其作用与局域网当中的集线器类似。无线 AP 主要是在无线局域网与有线局域网两者之间进行接收与缓冲存储，以及数据之间的传输，以支持一组无线用户的设备。无线 AP 一般都是利用标准以太网线使其与有线网络进行连接，再利用天线和无线的设备进行通信。若无线 AP 的数量比较多的时候，用户则能够在这些无线 AP 间进行漫游切换，当然，前提是无线 AP 有多个的情况下才可。

一般情况下，像一些宽带家庭与大楼的内部，或者是一些园区内部当中经常会使用到无线 AP，它实际上就是一个移动计算机用户步入有线网络的接入点，其传输距离是 20 至 500m 之间，现阶段它所使用的技术主要是以 IEEE802.11x 系列为主。一般而言，一个无线 AP 能够支持的用户大约有 15 到 250 个，具体的可以依照配置与使用情况等进行添加或减少，如果需要将无线局域网进行扩张，则可以将无线 AP 增加，如此一来，网络使用起来就更加畅快。

如图 6-9 所示，这是室内的无线 AP 示意图。如图 6-10 所示，这是用于大楼间联网通信的室外无线 AP 示意图，它的传输距离是几千米到几十千米之间，像一些布线不太方便场所，使用它则可以为其提供既方便又可靠的网络连接。

图 6-9　室内无线 AP　　　　　　　图 6-10　室外无线 AP

（三）无线路由器

所谓无线路由器就是将无线 AP 与宽带路由器的功能集于一身的一种技术。它的功能非常广泛，既有无线 AP 所具备的无线接入功能，又有防火墙与 WEP 加密的功能，除此之外还有网络地址转换（NAT）功能，不仅能够实现局域网用户网络进行连接共享，还支持家庭无线网络当中的 Internet 连接共享，以及 ADSL 与小区宽带之间的无线共享等等。

无线路由器的连接方式非常方便，能够和 ADSL Modem 进行直接连接，同时也可以借助一些设备再进行连接，譬如，利用交换机或集线器等等局域网的途径相连接。无线路由器的内置也有非常多，譬如，能够存储用户名与密码、能够进行不复杂的虚拟拨号软件等等。以上所说的功能并不完善，除了这些之外，无线路由器还有诸多功能，像一些安全防护功能它也是比较成熟的。

大部分的无线宽带路由器都能够当成一个有线宽带路由器来应用，因为它们身上大多数都具有四个 LAN 端口，以及一个 WAN 的端口，具体形式如图 6-11 所示。

图 6-11　无线路由器

（四）天线

对于天线我们并不陌生，小时候的黑白电视机上面通常都会有两根线，那个东西就是天线，当电视机信号出现问题时，我们就可以调节天线使其信息加强，而在无线网络当中的天线其意义也是差不多的。天线在无线网络当中也是经常用到的，我们可以把天线看作是无线信号的放大器，它能够将无线信息增强。将天线对着天空的方向不一样，其接收能力也是有差异的，我们按照天线方向性的差异，可以将其分为两种，即全向天线与定向天线。

1. 全向天线

所谓全向天线就是指在一个水平面上面，接收能力与辐射都没有最大方向的天线。由于这一类型的天线没有方向性，因此常用于那么一个点对多个点进行通信的中心点。譬如，若两座相邻的高楼间需要建立起无线连接，那么就可以使用全向天线，如图 6-12 所示。

2. 定向天线

与全向天线相反，定向天线就是指辐射与接收能力的最大方向有一个或以上的天线。该天线与全向天线相比，能量比较集中，而且具有方向性，它的抗扰能力相对强，不仅如此，定向天线的增益也会比较高，像那种距离比较远的点对点通信就可以使用该方式。譬如，一个规模较大的小区内，需要横跨多栋楼进行无线连接，那么使用定向天线就比较适合，如图 6-13 所示。

图6-12 全向天线　　　　　　图6-13 定向天线

四、无线局域网的组网模式

所谓无线局域网的组网模式就是为了顺应无线局域网应用的不同环境与不同需求而产生的，为了满足这些差异可以使用不一样的组网模式进行互联。无基站的模式 Ad-Hoc 模式（即无线对等）与固定基站的 Infrastructure（基础结构）模式这两种是无线局域网主要的两个组网模式。

（一）Ad-Hoc 模式

这是一种最为简单的无线局域网结构，也是一种无线对等的网络，同时，还是一种没有中心拓扑结构，进行网络连接的计算机，彼此之间都是相互平等的通信关系，这种形式不适用于大量计算机进行无线连接，进行无线连接的最好是不超过五台计算机，如图6-14所示。不管什么时候，只需要两个或者更多无线网络其接口相互都处于对方的无线所包围的领域当中，那么就能够将一个无线对等网组建起来，从而达到点对点或者是点对多点的连接目标。这种模式有一个比较方便的地方就是它不需要将设施固定起来，只要每一台计算机上面都安装了无线网卡就足以，由于它所具有的这个特征，在那些临时组建的网络当中特别受用，譬如，户外活动与军事领域当中等等。

Ad-Hoc无线网络

图6-14 Ad-Hoc 模式无线对等网络

Ad-Hoc 无线局域网它的网络构架过程非常简洁，因为这种结构是一种不具备无线 AP 所组建的无线对等网络结构。需要注意的是，在室内环境当中，普通的无线网卡其有效传输距离一般都是 40m 左右，如果超出了该距离，那么双方之间的通信就会受到阻碍，可能实现不了。由此可见，再一次证实了在临时性或是很简单的无线互联当中十分适合使用该模式。

（二）Infrastructure 模式

Infrastructure 模式又叫基础结构模式，它与 Ad-Hoc 模式不一样，这种模式具有一个中心无线 AP 来为固定的基站，而且每一个站点都会和无线 AP 进行连接，无线 AP 控制了每一个站点对于资源的访问。在无线局域网当中最普遍的一种组网模式就是基础结构模式，它所具有的优势有：网络性能稳定、可靠性强，而且还能够同时连接多数用户。如图 6-15 所示，经过中心无线 AP，可以将无线局域网同每一个有线网络相连接。

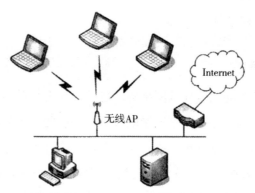

图 6-15　Infrastructure 模式无线网络

五、服务集标识 SSID

服务集标识，在英文中称为 Service Set Identifier，简称 SSID。它的主要功能是用于将不同的无线网络进行区分开来，最多能够容纳 32 个字符，若将无线网卡设置不一样的 SSID 就能够进入不一样的无线网络当中去。一般情况下，都是通过 AP 将 SSID 给广播出来，然后再利用 Windows7 操作系统其自带的扫描功能对区域进行扫描，将当前区域所存在的 SSID 给找出来。站在安全的角度上，则不要对 SSID 进行大肆广播，如此一来，想要进入相对应的网络就需要用户自己动身进行设置 SSID。换言之就是，SSID 属于无线局域网的名称，只有在 SSID 值相同的计算机才能够进行互通，所以要对 SSID 进行设置。

六、无线加密标准

就当前而言，无线加密的标准有三种，即 WEP 与 WPA，以及 WPA2。下面针对这三种类型进行简要分析。

（一）WEP 加密标准

WEP 即有线等效保密（Wired Equivalent Privacy）。它是 IEEE802.11b 协议标准所定义的一种用作无线局域网当中的安全性协议，在无线局域网业务流的节点认证与加密主要就是使用该加密标准，还可以为有线局域网提供一定的保密性。

开放系统与共享密钥是 WEP 所定义的两种验证身份的方式。所谓开放系统就是指就算是用户不提供正确的 WEP 密钥也能够与访问点进行连接，这与共享密钥的方式不一样，只有当用户将正确的 WEP 密钥提供出来才可以通过身份验证，这种方式就是共享密钥。

WEP 所支持的加密有 64 位以及 128 位。如果加密密钥是 10 个十六进制的字符就是 64 位加密，还有可能是 5 个 ASCII 字符；而加密密钥如果为 26 个十六进制字符的则为 128 位加密，或者是 13 个 ASCII 字符。WEP 保护传输加密数据帧的方式主要还是依赖于通信双方所共享的密钥。

在数据链路层中 WEP 所使用的则是 RC4 对称的加密技术，一般情况下，都是使用一个随机的密钥来对无线网络中所传输的数据进行加密的。但是这种做法存在很大的漏洞，因为通过 WEP 所产生的密钥其算法很容易被发现，具有一定的可预测性，攻击者们很容易将这些密钥进行破解或者是截取，如果发生这种情况的话，那么用户所设置的安全防范就如同泡沫一般，很容易破灭并消逝。

20 世纪 90 年代后期，IEEE802.11 的 WEP 加密模式诞生了，对于当时的无线安全防护而言，效果尤为出色，惊人。但是好景不长，在 2001 年 8 月，Fluhrer et al. 就发表了针对 WEP 的密码分析，想要将 RC4 的密钥破解出来非常简单，仅需要利用 RC4 加解密与 IV（即初始向量）的使用方式特征，对无线网络进行长达几个小时的窃听便可，该破解方式仅次于发布后两年就产生了，当初出色的效果也变得黯淡无光。很快，该攻击方法被广泛地传播出来，甚至在不久之后就推出了自动破解工具，而这种加密方式的地位也变得危在旦夕，就好像曾经被人捧在手心的物件被人丢弃到了一旁。

（二）WPA 与 WPA2 加密标准

无线局域网的核心安全标准是由 IEEE802.11i 所定义的，这种标准不仅能够带来强大的加密与认证方式，还给管理密钥的带来了非常好的措施。WPA 与 WPA2 是该标准两个增强型的加密协议，对于 WEP 当中已经存在的问题就是利用这种标准对其进行改良与补充。

WPA 即 Wi-Fi 网络安全存取（WiFi Protected Access），它属于 Wi-Fi 联盟所制定的一种安全方案，不仅能够将 WEP 中已知的比较脆弱性的问题给解决掉，还可以保护已知的无线局域网攻击。WPA 所使用的加密算法是在 RC4 基础上的一种算法，即 TKIP，中文名称"临时密钥完整性协议"，英文名称"Temporal Key Integrity Protocol"，所使用的认证方式就是 WPA-PSK（WPA 预共享密钥）与 IEEE802.1x/EAP（即可扩展认证协议）。该认证方式的操作就是：首先对无线客户端进行检查，查看是否与无线 AP 所具有的密码或者密码短语的同一个，若两者之间的密码一样，那么客户端就能够获得认证。

所谓 WPA2 就比 WPA 更高一个层次，属于 WPA 的升级版本，RC4 算法的 TKIP 对于 WPA2 来说已经不适应了，但是 WPA2 能够支持安全性更好的，即 AES（高级加密标准，Advanced Encryption Standard）与 CCMP（计算器模式密码块链消息完整码协议，Counter CBC-MAC Protocol），除此之外，还有 WPA2-PSK 与 IEEE802.1x/EAP 这两种认证方式也是支持的。

WPA 与 WPA2 一样，为了满足各不同的市场需求，工作模式都有以下这两种：

第一种就是 WPA-PSK（TKIP）/WPA2-PSK（AES）个人模式：所谓个人模式就是指不需要应用认证服务器，采用手动的方式把预共享密钥装置在无线 AP 与无线客户端上面。这种模式能够通过 PSK 来对无线产品进行认证。像一些 SOHO 环境当中就可以使用这种模式。

第二种模式就是 WPA/WPA2 企业模式：企业模式认证无线产品的时候除了能够使用与上种模式一样的 PSK 除外，还可以通过 IEEE802.1x/EAP 这种认证方式。当它所使用的是后面这种认证方式来对用户证书进行认证与密钥以及集中管理的时候，就需要将 RADIUS 协议的 AAA 服务器添加在里面。像一些企业环境当中就可以使用该模式。

七、无线局域网常见的攻击

公共的电磁波作为无线局域网的载体，需要经过的地方非常繁杂，如玻璃、天花板以及墙等等，如此一来，在该区域里能够接收到该无线 AP 发出电磁波信号的无线客户端就不受限制了，任何一个人都能接收，在这中间，安全就变得岌岌可危，因为很有可能会被一些恶意攻击者利用。一旦被那些别有用心的用户利用，就会使用不正当的手段对信息进行干扰或窃听等等不法行为，在无线局域网当中做这些破坏要比在有线局域网当中做破坏便捷多了。

以下几点就是 WLAN 主要面临的一些安全威胁：

1. 网络窃听

很多情况下，网络的通信都是以一种明文就是非加密的格式而出现的，这种形式最为危险的一点就是便于攻击者对通信进行破解或截取，因为只要有覆盖了无线信号的区域攻击者就可以为非作歹。而这一类的攻击也属于网络管理员面临的最大安全问题。没有加密的信息就像是没有保护壳的生物，稍不留神就会遭到他人窃听。

2. AP 中间人欺骗

如果安全措施不够全面，那么就会导致 WLAN 被利用非法 AP 进行的中间人的欺诈攻击。为了避免这种攻击，可以使用双向认证与基于应用层的加密认证这两种方式。

3. WEP 破解

现如今，犯罪分子的技术也是越来越高超了，在互联网上有那种可以将位于无线 AP 信号覆盖区域内的数据包给捕捉到的程序存在，并且将那些 WEP 弱密钥加密的数据包大量地截取到手，对其进行破解。如果有特定的条件，那么能够在两小时之内就将 WEP 密钥给破解出来，譬如，可以通过监听无线通信的机器速度与 WLAN 内所发射信号的无线主机数量，还有 IEEE802.11 协议标准帧的冲突所引发的 IV 重发数量。

4. MAC 地址欺骗

很多用户以为只要对无线 AP 进行了 MAC 地址过滤，就能将未授权的黑客给拦截在外从而不可以连接无线 AP 了，其实不然，这还是阻止不了黑客对无线信息进行窃听。只要利用特殊的软件对截取的数据进行分析，就可以将无线 AP 准许通信的用户端 MAC 地址给找到，只要找到地址，就可以利用一些非法手段对网络进行攻击了。

八、无线局域网的安全性

WLAN 的发展越来越快，而用户对于它的期望值也是越发升高，但很不乐观的是，在它发展越来越快的历程当中，其安全问题也随之越发的显现，久而久之，这些问题已经成了 WLAN 发展道路上的绊脚石。

（一）威胁无线局域网安全的因素

无线局域网潜在的安全隐患有很多，其中我们最先考虑到的问题是，无线电波作为 WLAN 的传输媒介，无法对网络资源当中的物理访问进行限制，就算是预期之外的区域也有可能会存在无线网络信号，实际情况还得根据各外界因素来断定。如此一来，就给侵入者一个很好的攻击机会，只要是处于网络所涵盖的位置，攻击者就可以连接 WLAN，从而进行入侵，就算是在预期领域外也能够对 WLAN 进行访问，故而对数据进行窃听等等，只要入侵者有了网络访问权限，整个网络在他手中就像是小红帽入了狼外婆的口，任其攻击。

其次需要考虑到的问题就是，WLAN 与任何网络协议的计算机网络都是相符合的，如此一来，像一些计算机可能遭受到的病毒等等威胁 WLAN 内的计算机同样也有可能会惨遭毒害，其造成后果不能保证会比普通网络好。

由此可见，像一些典型的安全威胁截取、修改数据、窃听、拒绝服务等等都会是 WLAN 当中所存在的安全隐患。

作为 IEEE802.1x 认证协议的发明者维平·贾殷（ViPin Jain）曾经在采访中提到过，企业的 IT 经理最担心无线网络方面的有两点，其一是由于现在的市场对于标准与安全解决措施的版本非常多，作为用户无法找到最合适的，这让他们显得不知所措；其二就是无法绝对地避免攻击，因为无线媒体不属于某一个人或某一单位的，它是一个共享的媒介，具有极大的开放性，也正是这一点，使其不会受限于任何实体界限，一旦别有用心的人想要攻击网络是非常方便的。由此可见，在 WLAN 安全方案的这条道路上，我们还需要进行不断摸索、不断创新。

（二）无线局域网的安全措施

1. 使用无线加密协议来阻止未授权用户的访问

要对无线网络安全进行保护，加密是一种最简单也是最基本的方式，想要启动 WEP 的加密，只需要对 AP 与无线网卡等一些设备进行简单的设置就可以了。在无线网络上的流量加密的标准方法就是 WEP 加密。这本来是一种非常便捷的加密方式，但是由于无线设备的厂商为了图产品安装便利，就在交付设备的时候将这个功能给关闭了。也许这样一来对安装而言确实是方便很多，但是也给黑客带来了便利的渠道，他们可以利用无限嗅探器对网络当中的数据进行直接读取。如果使用了WEP 密钥，也要经常对其进行更换，如此一来，能够更好地保护网络安全，若条件允许，还可以将独立的认证服务给启动开来，对 WEP 进行自动分配密钥。还有一点需要特别注意，那就是再部署无线网络时切记要将出厂的默认 SSID 换为自定义的SSID。使用 SSID 广播会提高无线网络的曝光率，因此在密钥特殊原因的时候尽量不要使用 SSID 广播，而且现在绝大多数的 AP 都有屏蔽 SSID 广播的功能。

就当前安全攻击而言，对于 IEEE802.11 协议标准当中的 WEP 安全解决方案最短能够在 15min 之内就被攻破，由此可见，这种安全方案并不安全，因此最好是使用能够支持 128 位的 WEP，想要将 128 位的 WEP 给攻破可不是那么简单的。除此之外，为了提高无线局域网的安全性还需要对 WEP 密钥进行定期的更换。若用户的设备有动态 WEP 功能，那么使用动态 WEP 是最好的选择。非常乐观的是，在Windows7 的操作系统当中就自带了该支持，能够将 WEP 当中的"自动为我提供这个密钥"的选项给选中，即可更换为动态 WEP。还需要注意的是，保护数据的方式不能够只采用WEP这一种，还可以采用一些替代的方法，如WPA/WPA2、VPN等等，如此一来，能够将系统的安全性加强。

2. 改变服务集标识符并将 SSID 广播禁止

用户可以使用 SSID 来组建与接入点间的连接，它是无线接入当中的一个身份标识符。此标识符是通过通信设备的制造商进行设置的，制造商不会对每一台设备进行不同的 SSID 设置，基本上都是采用一个默认值。譬如，3COM 这个型号的设备所使用的标识符都是 101。如此一来，只要知道该标识符的黑客就可以连接无线，根本不需要进行验证，为了避免这种情况的发生，需要为每一个无线接入点上设置一个唯一并难以推测出来的标识符。最好是禁止 SSID 对外广播。只有这样，才能彻底切断利用 SSID 广播而吸引外来用户的这条线。这种做法并非是指网络就不能够用了，只是将广播隐藏起来，让它不再出现在可使用的网络名单之中来。

3. 静态 IP 地址与 MAC 地址绑定

IP 地址在经过无线 AP 分配地址的时候，一般都是默认使用的 DHCP 服务，就是指动态分配 IP 地址，而这对于无线网络而言是存在很大的安全威胁的。为什么这么说，主要是因为一旦入侵者找到了无线网络，就能够利用 DHCP 获得合法的 IP 地址，从而光明正大地进入无线局域网当中，如此一来，就像是给安全埋下了一个定时炸弹。由此可见，最好是将 DHCP 服务给关闭起来，给每一台计算机分配一个固定而静态的 IP 地址，为了全面提升网络的安全性，还需要将该静态的 IP 地址绑定到该计算机网卡当中的 MAC 地址当中。这样的话，IP 地址也就没有那么容易被不法分子给找着，即便是找到了也不能马上进入无线局域网当中，因为还需要进行 MAC 地址验证，就好像是两重关卡，给侵入者制造绊脚石。该设置方法可以分为以下几个步骤：

第一步，把无线路由器或者 AP 设置当中的 DHCP 服务给关闭。

第二步，将固定 DHCP 功能给激活。

第三步，对各台计算机的名称以及固定使用的 IP 地址，还有网卡当中的 MAC 地址都进行如实填写。

第四步，也就是最后一步，将执行的按钮点击下去即可。

4. VPN 技术在无线网络当中的运用

VPN 方案比较适用于对安全性要求高的以及大型的无线网络当中。为什么说大型无线网络当中使用 VPN 方案比较好，主要原因是大型的无线网络其维护工作站与 AP 的 WEP 加密密钥，以及 AP 的 MAC 地址列表等等一些管理任务都非常的艰难，工作比较重大。

相对于那些无线商用的网络而言，在 VPN 基础上的解决方案是现如今替代 WEP 机制与 MAC 地址过滤机制的最佳选择。在 Internet 远程用户的安全接入当中已经开始广泛使用 VPN 方案了。VPN 可以在没有信任度的网络中为远程用户提供一条比较安全、专用的通道。不管是什么隧道协议都能够同标准的以及集中的认证协议共同使用，如点对点隧道协议等等。而 VPN 技术也一样能够在无线的安全接入上进行应用，该应用当中不可信的网络就是无线网络。又能够将 AP 定义为无 WEP 机制的开放式接入（而各 AP 依然还是被定义成使用 SSID 机制将无线网络划分为多个无线服务子网），而 VPN 服务器则将网络认证与加密提供出来，而且还要充任局域网。VPN方案同WEP机制与MAC地址过滤接入相比，前者的性能与扩充都比较强，而且还可以在大规模大型的无线网络当中应用。

5. 无线入侵检测系统

总的来说，无线入侵检测系统与传统的入侵检测系统并没有什么太大的区别，不同的是，无线入侵检测系统多了一些对无线局域网的检测以及反应破坏系统的特征。现阶段，入侵检测系统已被广泛使用，像无线局域网当中就有被使用，用于对用户活动进行监视与分析，并且对入侵行为以及事件进行判断，同时将一些非法的行为检测出来，一旦有可疑的网络流量就会进行报警。无线的入侵检测系统比传统的总体来说会要高级一些，它不仅可以将入侵者给揪出来，还可以将安全策略套上一层保护膜。如此一来，安全策略就更加的强大，那么无线局域网就会相对更加安全。

6. 使用身份验证与授权

如果入侵者对于网络当中的SSID与MAC地址以及WEP密钥等这些信息都非常了解，那么他们就很有可能与AP之间建立起联系。就当前而言，能够使用户与无线网络建立关系之前对其身份进行验证的方式有三种。如下：

第一种，若只需要向AP提供SSID或者是无误的WEP密钥，那就证明这是一种开放的身份验证方式。这种方式本身就存在着很大的问题，一旦没有设置一些其他保护与验证身份的机制，那无线网络就能够完全暴露在外，被任何人使用，毫无安全性可言。

第二种，共享密钥身份验证机制，该机制和"口令－响应"的身份验证系统的方式相近。STA即工作站和AP在共享一个WEP密钥的时候就可以采用该种身份验证机制。当工作站把申请发送到AP时，由AP将口令发回去。再然后工作站就会利用口令与加密的响应做出相应回复。此方法存在的漏洞就是，口令传输的形式是以明文的方式传送到工作站的，如果在这中间口令与响应都被拦截了，那么该人就可以利用口令与响应找出加密的密钥。

第三种，使用一些类似于802.1x与VPN的其他的身份验证或者是授权机制，从而对无线网络的连接用户其身份进行验证与授权。如果是采用的客户端数字证书，那么就能够让侵入者失去获得访问权限的机会。

7. 其他的安全措施

安全措施并非只有以上六种，除此之外还有一些其他的安全措施。譬如以下两种，第一，设置一个第三方的数据加密，若攻击者可以对信号进行窃听，但也很难以理解当中的内容；第二，将企业内部管理方式进行深度强化，从而使得 WLAN 的安全性达到一定的强度。

众所周知，无线网络的使用范围已经非常广泛了，几乎涉及我们每一个人的生活当中，但是毋庸置疑的是我们还需要面临各种由于无线网络所带来的安全问题。上述将 WLAN 存在的不安全因素进行了详细分析，也对于其安全隐患提出了各种安全方案，能够在很大程度上对保护网络，防止网络被截取或数据被修改等等攻击。但是还有一个现实问题存在，那就是每一个无线网络设备的生产厂商都不一样，对于设备的功能等方面也存在着各项差异，而我们上文中所讲述的安全方案并不能保证适用于每一台设备，可能有的非常适合，而有的却不适合，对于不同的设备其功效可能都存在差异。但是使用上述的安全措施还是能够在一定程度上确保无线网络内的使用用户的信息与数据的保密性与安全性，从而有效地为无线局域网的安全保驾护航。

第四节　防火墙技术

所谓防火墙顾名思义就是指防止火灾的建筑物，防火墙在商用与民用的建筑结构当中一般都是从地基到房屋建起的混凝土或者石墙，从而将火灾阻挡在建筑物的另外一边，不让它向另一边蔓延。防火墙在汽车与飞机这种结构里面，就是一道绝缘的金属屏障，将乘客所在的空间与热气以及发动机当中危险的移动部位给隔开。而信息安全中的防火墙并不是指真正的防御火灾，而是指本地网络与外部网络间设置一道防御系统工程，所谓防火墙就是指防范措施的一种总称。

一般是在外部网络边界处建立防火墙，它是一种过滤封锁的机制，封锁在内部的网络就被默认为安全的，而外部的网络就是比较危险的。将那些未授权的通信置于门外，通过对外界的控制来强化内部的安全保护内部的网络，这就是防火墙的主要作用。在网络中防火墙处于一个什么样的位置呢？具体如图 6-16 所示。

通常情况下，防火墙是运行在一台甚至多台计算机上的一组特殊服务软件，从而对保护网络以及对通信进行控制。但多数情况下，防火墙都是以专门的硬件形式所出现的，我们把这类硬件就称为防火墙，这种硬件安装了防火墙软件，为了保护好它的安全还专门设计了网络设备，因此，其本质上进行控制的还是软件。

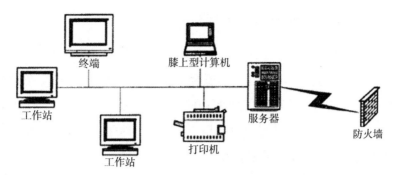

图 6-16　防火墙示意图

为什么要使用防火墙，其目的包括了如下几个方面：

（1）阻止外部网络入侵；

（2）将不安全的服务与非法用户给过滤掉；

（3）限制不法分子闯进内部网络；

（4）监视好局域网的安全；

（5）限制访问特殊站点。

防火墙还具有以下几个方面的功能：

1. 访问控制功能

访问控制主要是用于保护网络的内部资源与数据，一般是通过允许或禁止特定的用户去访问特定资源，防火墙最基本同时也是最重要的功能就是访问控制。那些非授权的访问都是被禁止的，它可以识别用户能够访问哪种资源，不能够访问哪一种。

2. 内容控制功能

所谓内容控制就是依据数据的内容进行控制，譬如防火墙可以将电子邮件中的垃圾文件给过滤掉，也可以将内部用户可能会访问到外部非法信息给过滤掉，同时，也可以禁止外部访问，使其只可以访问本地 Web 服务器当中的小部分信息。

3. 全面的日志功能

所谓日志就像是日记一样将重要信息记录下来，该功能可以将网络访问的所有信息完整地记录下来。访问是哪个时间点所发生的，进行了何种操作等都可以记录下来，以便于能够随时检查网络访问的具体状况，就好比是银行的监视录像，将银行内部的一切情况都记录下来，若有什么事情发生，当时没有发现都可以从录像中观察到详细情况，查明真相。防火墙的日志功能其作用也是如此，若网络发生入侵事件，就可以通过日志的审计与查询找明真相。

4. 集中管理功能

防火墙可以针对网络的具体情况与安全需要从而制定不一样的安全策略，该安全策略并非一成不变的，它可以根据使用中的实际情况而进行更改，防火墙身为一个安全设备，在一个安全体系当中可能是一台以上，因此，它属于容易进行集中管理的，也便于安全员对安全策略进行补入。

5. 自身的安全与可用性

想要保护别人，前提是有能力保护自己。因此，防火墙要想保护系统安全首先就要保证自身的安全，保证自己不被非法入侵，才能够正常的运作，若自己被入侵，那么其安全策略就会失效，而内部的网络也处于一个十分危险的地位。同时，防火墙属于一个时时运作的系统，要时刻保证其可用性，如果可用性失效，那么就会导致网络中断，从而也失去了网络连接的意义。

一、防火墙技术

防火墙的主要技术有三点，即包过滤技术与应用代理技术，以及状态检测技术。

（一）包过滤技术

防火墙在网络层当中对数据包中报头信息进行有选择性地执行禁止通过与允许通过这一动作我们称为包过滤技术。在过滤之前先要给防火墙制定一个过滤标准规则，根据其规则来检测数据流中每一个数据的包头部，再依照数据包的目的地址与原地址，以及 TCP/UDP 源端口号与目的端口号和数据报头中的各项标志位等要素能否准许数据包通过，该动作当中最核心的部分就是过滤规则的设定。

所谓包过滤防火墙又被称为网络层防火墙，因为它的主要工作地区在网络层。它对单个包实行控制的时候，主要的依据数据包内部的各项参数和过滤规则来进行对比的，其参数包括原地址与目的地址，以及源端口等，然后推断数据与最开始制定的安全策略（过滤规则）是否相匹配，以此结果来决定数据包的去处。

静态包过滤与动态包过滤是包过滤技术发展所历经的两个阶段。

1. 静态包过滤技术

所谓静态包过滤技术就是指按照所制定的安全策略对每一个数据包进行核查，

确定其是否与包过滤规则当中的某一条相符合。我们把过滤规则又称为访问控制表，它是根据数据包的报头信息所设定的。

2. 动态包过滤技术

所谓动态包过滤技术就是使用动态设置包过滤规则的途径，将静态包过滤技术可能会带来的不灵敏问题给防止了。使用该技术的防火墙利用建立的每一个连接都要进行跟踪，而且并不是一成不变的，根据具体情况动态地在过滤规则当中进行增加或更新条目。

包过滤技术作为一种防火墙应用又可以分为以下两种类型：其一，目前用得比较多的一种就是路由设备完成路由选择与数据转发外，包过滤也同时进行；其二，在屏蔽路由器的设备上将包过滤功能启动。

防火墙在包过滤的基础上实现起来较为方便，所以包过滤技术在防火墙上的使用十分广泛。用 CPU 来处理包过滤，不费时间，对于用户来说这种措施比较透明，而且在合法用户进出网络的时候，压根就不会感觉到它，所以运用起来十分便利。

虽说有一定的优势，但同样也存在着比较明显的缺点。第一，包过滤规则在计算机的配置当中运用起来比较困难。第二，过滤规则在增加到一定数据时，其频繁的匹配工作可能引起网络性能直线下降。第三，该技术并不能很好地阻挡一些特殊形式的攻击。

技术本就是一个更新换代比较快的东西，而包过滤技术在其本身持有的缺点之下，慢慢地也被其他的技术取而代之了。

（二）应用代理技术

何为应用代理技术？就是指在一台计算机或者 Web 主机上运行代理服务器软件，并对网上的信息进行监测，从而过滤访问内部网的数据，避免内网遭到破坏。

代理服务器主要服务于应用层，为应用层提供服务的控制，内部网络向外部网络申请服务的时候它就能够起到中转的作用。并且内部网络除了接受代理所提出的服务请求除外，其他外部网络其他的直接请求都会被拒绝。

代理服务器属于运行在防火墙主机上的专门应用程序。防火墙主机既是拥有内部网络接口，又是具有外部网络接口的一种两重宿主的主机，还可以被内部主机访问以及访问 Internet 的堡垒主机。用户对 Internet 服务的申请会被这些程序所允许，譬如，FTP 等，而且在将它们转发到具体的服务当中时，会根据相关安全策略进行。

代理服务还能够实现多项功能，譬如用户认证以及审计与跟踪，数据加密等等，而且还可以实现对于具体协议以及应用的过滤，该防火墙不仅可以完全控制网络信息的交换，还可以将会话过程给控制住，并有一定的安全性与灵活性。但是其存在的缺点就是，对网络的性能有影响，对用户不够透明，而且不同的服务都要设置不同的代理模块，网关层也要建立所对应的，由此可见，想要实现该防火墙是极其烦琐、复杂的。

代理防火墙与自适应代理防火墙是在应用代理技术基础上的防火墙所历经的两个发展阶段。

1. 代理防火墙

应用层网关防火墙也就是第一代代理防火墙，该防火墙的主要功能就是利用代理技术介入一个 TCP 连接的全过程。它通常是在某一特定的应用中使用特定的代理模块，主要是由用户端的代理客户与防火墙的代理服务器这两个部分所组成的，既可以理解数据报头的信息，又可以理论应用信息内部本身。在代理服务器收到客户连接请求的时候，首先会对客户的请求进行核实，然后采用特定的安全代理应用程序对该连接请求进行处理，把处理后的请求传送到真实服务器上面之后，等待接收服务器的应答，再做进一步的处理，最后将回复交予发出请求的最终客户代理服务器，从而在外部网络转向内部网络的申请服务当中起到中转作用。

所谓应用网关技术就是建立在网络应用层上的一种协议过滤，主要针对特别的网络应用服务协议（数据过滤协议），而且还可以对数据包进行分析，将其分析结果形成相关的报告。应用网关能够严格控制那些方便登录与控制一切输入输出的通信环境，避免那些具有价值的数据与程序被破坏、盗取。它还有一个功能，可以记录通过的信息，譬如，哪类型的用户在哪一时间点连接了哪一种站点。应用网关在实际的工作当中通过是专用工作站来完成其工作。

应用层网关既具有相关优势，又存在着一定的缺陷。其优点在于：能够很方便地记录与控制好所有的通信，对 Internet 的访问也能够做到分内容地过滤控制，不仅灵敏而且还全面，有较高的安全性。功能也是比较多的，如登记日志、统计与报告功能，以及过滤功能比较好，同时对于用户认证而言也是相对比较严格的。其缺点：不同的应用需要写出不同的代码，速度上相对较慢，维护的程序相当复杂、困难。

2. 自适应代理防火墙

代理技术和包过滤技术组合而成的新技术就叫作自适应代理技术，同时，也是应用代理技术当中的一种。它是两者的组合，将两者的优势也很好地结合到了一起，如代理防火墙的安全性与包过滤防火墙的高效率等，这种自适应代理防火墙其安全性不仅不会遭受到任何损伤，其性能也提高了不少。

自适应代理防火墙当中的初始安全检查依旧是发生于应用层，只有安全通道被建立，随后的数据包就可以重新定向到网络层当中。自适应代理防火墙和标准的代理防火墙其安全性虽是一样，但是处理的速度却是提高了不少。这种代理技术还可以按照用户所制度的安全规则，动态适应地传送数据中的数据流量。若对安全性的要求比较高，则可以依旧在应用层当中进行安全检查，从而确保防火墙中的安全性达到最高；若可信任的身份被认可之后，数据就能够直接通过效率高、速度快的网络层。

包过滤技术中准许特定数据的通过主要是根据特定逻辑判断所决定的，不仅便于实现，速度还比较快。但是其审讯功能比较弱，在设计过滤规则时存在冲突关系。若过滤规则太简单，缺失安全性；若太过复杂，管理起来也比较困难，如果判断条件都满足了，那防火墙的内部网络其结构与运行状态在外来用户前就完全被"暴露"了出来。

安全控制与访问的加速都可以通过代理技术来进行，很好地实现防火墙计算机内部与外部系统的隔断，安全性比较好，很多功能都可以实现，如较强的数据流监控、过滤，以及记录与报告等等。同时，缺点也是不可避免的，不同的应用服务需要为其设计一个专门的模块进行安全控制，实现起来比较困难。

一般情况下，防火墙是多种能够解决不一样的问题的技术进行组合而成的，很多防火墙都是将数据包过滤与代理服务器有机结合起来进行运用的。

（三）状态检测技术

所谓状态检测技术就是一种基于以动态包过滤技术所发展起来的技术。它与包过滤以及应用代理技术所基于规则的检测不一样，状态检测技术所基于规则的检测是连接状态的过滤，它把同一连接的全部数据包都看作是一个整体，既可以检测全部通信数据，又可以对先前的通信状态进行分析。

该技术使用了一个在网关上实施网络安全策略的软件引擎，将其称为检测模块。检测模块就是在不妨碍网络正常工作的条件下，使用抽取相关数据的途径对网络通信的各层进行检测，它可以按照每一个合法网络连接保存的信息（即目的地址、原地址、协议相关信息以及连接状态等等）称为状态，利用抽取部分状态信息的方式，将其进行动态保存，以便于为日后指定安全决策做参考。

实现连接跟踪功能是实现状态检测最重要的一步。这对于单一连接的协议而言是较为简单的，依靠数据报头的信息就能够对其进行跟踪了，不过这对于那么复杂协议而言，不仅需要公开端口的连接进行通信，还需要在通信当中还需要动态建立起子连接然后进行数据的传递，子连接的端口信息处于主连接中经过子连接的端口，在防火墙上可以将其动态打开，在连接结束的时候会自动关闭，如此一来，系统的安全就有了保障。

状态检测技术虽然将包过滤技术进行了改进，但是只对于其进出网络的数据包进行了考虑，数据包状态的缺陷却没有被考虑进去，在防火墙的核心部位把状态检测表建立起来，把进出的网络数据看作是一个个会话，再根据状态表跟踪每一个会话的状态。状态检测检查每一个包的时候，既会依照规则表，又将数据包与会话的状态是否相吻合这一要素考虑了进去，所以，状态检测技术为防火墙带来了传输层的控制能力。

状态检测防火墙虽然提高了包过滤防火墙的安全，但是相较于应用代理防火墙来说，安全性还是差了点。因为它的工作点依旧还是处于网络层与传输层，而代理防火墙则可以直接控制连接。

二、包过滤防火墙

包过滤防火墙不仅要对所有通过的数据包头部信息进行检查，还要进行过滤，其过滤需要依照管理员给定的过滤规则进行。确定允许或拒绝的服务之后，才能对数据包过滤规则进行制定，同时，还需要将策略抽象成针对数据包的过滤规则。数据包的过滤规则制定好以后，哪些数据包可以进入或流出内部网络就可以被很好地控制住了。

数据包过滤在网络中的作用非常重要，对整个网络进行安全保护的可以是单点位置。例如 WWW 的服务，若 WWW 的内部服务不想遭到外部用户访问，则可以在包过滤路由器上面增加安全规则，外部访问内部 WWW 服务这一动作被禁止，那么不管内部网络主机有没有启动 WWW 服务，它们始终是在保护范围内，这种方法不仅容易，安全性还很高。值得注意的是，数据包过滤对于用户而言是透明的。

（一）数据包过滤的安全策略

通常情况下，包过滤防火墙不对数据包中的数据内容做除检查数据包报头信息之外的任何检测。数据包过滤的安全策略需要基于以下这几种方式：

（1）数据包的目的地址或源地址。依据 IP 当中的 IP 源地址与 IP 目的地址定义安全规则是可行的，源地址路由是数据包过滤所面对的最为普遍的 IP 选项字段，决定源地址路由向何处发送数据包的不是路由器，而是通过数据包的源地址指定到达目的地的路由。

（2）数据包的标志位。

（3）传递数据包的协议。

（4）数据包的 TCP 或 UDP 源端口或目的端口。为什么说 TCP 协议当中的源端口与目的端口可以作为制定安全规则的依据，主要原因是由于 TCP 的源端口一般都是随机的，也很少用源端口进行控制。只有对 TCP 标志字段进行检查就可以判断该 TCP 数据包是不是 SYN 包。通过检查单独的 SYN 标志，就能够知晓它属于 TCP 连接当中三次握手中的第一个请求，若该连接需要被禁止，那么只要对这个包进行禁止即可。

（二）数据包过滤规则

上文中也说过，确定好允许或者拒绝什么样的服务之后，才能对数据包过滤的规则进行制定，同时要将策略转换成针对数据包的过滤规则。默认接受与默认拒绝是数据包过滤规则当中的基本安全策略。所谓默认接受就是指某一数据包没有被明确指出是禁止的，那么该数据包就会被认可通过。反之，默认拒绝就是指某个数据包没有被明确指出允许通过，那么该数据包就是不能够通过的。这两种安全策略，默认拒绝的安全性更高。

数据包的规则制定好之后，路由器将会从第一条规则开始所有对数据包进行检测，直至找到一个可以与之相配的规则，再按照其规则来判定该数据包是被接受还是拒绝；若没有找到与之相匹配的规则，那么该数据包则会依据设定的安全策略进行处理，譬如，默认接受，则会被接受；反之，就被拒绝。

（三）状态检测的数据包过滤

当初始化 TCP 所连接的 SYN 包被防火墙收到的时候，首先要多对带有 SYN 的数据包进行安全规则检查，把数据包放在安全规则当中进行比较，若所有规则都进行检查之后，仍然没有被接受，那么此次连接就是不被允许的。若被接受，那么将会把本次会话的连接信息增添到位于防火墙状态检测模块的状态检测表当中。而随后的这些数据包，就可以把包信息与该状态检测表当中所记录的连接内容做比较，若状态表当中包含该会话，数据包的状态也无误，那么数据包就会被接受；若会话不在状态表之内，那么这个数据包就会被丢掉。

这种方法只有在新的请求连接的数据包来到的时候才会与安全规则进行比较，如此一来，并不是所有数据包要都进行安全规则比较，对于系统的性能而言也是大大地提高了。而且执行的速度也会很快，因为每一个数据包和状态检测表做比较都是在内核模式下所进行的。

（四）数据包过滤的局限性

数据包过滤具有一定的局限性，具体如下：

（1）并不是所有的协议都适合进行过滤。

（2）数据包过滤不能进行内容级控制。譬如，对于一个 Telnet 服务器而言，想要做到禁止 user1 登录而允许 user2 登录是不能的。导致这种情况的原因就是由于用户名是数据包内容当中的信息，过滤系统辨别不了，导致无法进行控制。

（3）制定数据包过滤规则相对比较复杂。因为并不是制定一个安全规则就好，还有针对不同的 IP 制定相对应的规则，过滤规则多了就会引起矛盾或者漏洞，检查起来也比较麻烦。

三、屏蔽主机防火墙

防火墙系统在实际运用当中通常会使用很多种防火墙技术，譬如屏蔽主机防火与屏蔽子网防火墙。

由包过滤路由器与堡垒主机所组合而成的是屏蔽主机防火墙，配置在内部网络上的主要是堡垒主机，而路由器就处于内部网络与 Internet 两者间进行旋转，然后再利用路由器将内部网络与外部网络给隔离开来。

这种防火墙与包过滤防火墙相比，其安全等级更高，这主要是因为它将网络层安全与应用层安全，即包过滤与代理服务都实现了。若有非法入侵者想要攻击内部网络，前提是要将这两种不同的安全系统渗透。

（一）堡垒主机

所谓堡垒就是指古代打仗时用来防守敌人的城墙，堡垒主机得名由来也是根据其意，犹如堡垒般保护着内部网络。堡垒主机就好像是一个代理，不仅可以将未经授权而要进行 Internet 的流量给过滤掉，还可以阻止内部用户直接访问 Internet。

堡垒主机在防火墙体系当中是 Internet 上主机可以连接到的唯一内部网络系统。外部的任何系统想要对内部系统进行访问都必须要先经过这台主机，连接到主机上，它在 Internet 上面是一种公开的状态，属于网络上最易被入侵的设备。因此，堡垒主机只有将安全等级达到更高，才可以避免非法侵入，堡垒主机的安全需要防火墙设计者与管理人员共同维护，特别是在运行期间，对堡垒主机的安全要给予极大的重视，打起十二分的精神。

（二）屏蔽主机防火墙的原理和实现过程

放置于内部网络上的堡垒主机，处于内部与外部网络之间的是包过滤路由器。想要让外部的系统只可以访问到堡垒主机，那么就要在路由器上制定相应规则。内部主机与各个堡垒主机所处的网络是同一个，所以，内部系统是否能够允许访问外部网络，或者说需要采用堡垒主机上面的代理服务对外部网络进行访问，这一要求是由企业的安全策略所决定的。配置路由器的过滤规则，令它只能接收堡垒主机当中的内部数据包，就能实现强制内部用户使用代理服务这一要求了。

四、屏蔽子网防火墙

利用增加周边网络的方式将内部网络与 Internet 进行隔离开来的防火墙叫作屏蔽子网防火墙。

这个周边的网络就属于一个单独的子网，属于内部网络与外部网络的缓冲区域，使两者间形成一个"隔离带"，这也就形成了一个所谓的"非军事区"（Denulitarized Zone，DMZ）。

屏蔽子网防火墙是由堡垒主机与两个屏蔽路由器有机组合在一起的，每个屏蔽路由器都会与周边的网络进行连接，其中一个处于周边网络和内部网络这两者之间，另外一个则位于 Internet 与周边网络间。如果要对这种体系结构的内部网络进行入侵，那么侵入者首先必须要通过这两个路由器才可以，如果侵入者入侵到了堡垒主机还是不行，因为还是必须要通过内部路由器，由此得出，屏蔽子网防火墙是一种最安全的防火墙系统之一。

屏蔽子网防火墙所具备的优点如下：

（1）入侵者想要入侵内部网络，必须突破外部路由器与堡垒主机，以及内部路由器这三种不同设备所共同保护的内部网络。

（2）外部路由器只可以对 Internet 告知存在 DMZ 网络，而 Internet 上面的系统与内部网络是没有办法相遇的。如此一来，网络管理员就能够确保内部网络的"隐秘"的，同时，也并不是所有的 DMZ 网络服务都会对 Internet 开放，还需要进行选定才可以。

（3）内部路由器只会告知内部网络有网络存在，内部网络上的系统并不可以与 Internet 直接相通，如此一来，就确保了内部网络上的用户想要访问 Internet 就必须要通过停留在堡垒主机上的代理服务才可以。

（4）DMZ 网络不同于内部网络，NAT（网络地址变换）能够安装在堡垒主机上，如此一来，就可以防止在内部网络上面重新编址以及重新划分子网。

五、防火墙的局限性

并不是安装了防火墙，内部网络就绝对安全了，防火墙还存在着许多缺陷。

（1）再好的防火墙系统也不能阻止那些来自不经过防火墙的威胁。譬如，若准许受保护网的内部向外不受限制地拨号，那么很有可能会让用户与 Internet 之间进行直接连接，就好比，我在前门设置了关卡，而非法侵入者是走后门攻击进来的，绕过防火墙，利用潜在的攻击渠道进行非法侵入。

（2）一些带有病毒的软件与文件防火墙也阻止不了，遇到这种情况最好是在每一台主机板上面安装杀毒软件。由于病毒的类型不单单只有一种，而操作系统种类也非常多，不能奢望防火墙对所有内部网络的文件进行扫描，并将其潜在病毒查出来，不然的话，防火墙就很有可能成为网络中的瓶颈。

（3）数据的驱动式攻击也不能通过防火墙进行阻止。有的数据表面上看起来没有威胁，通过电子邮件或者是其他方式复制到了内部的主机上，若被实施起来就很有可能形成攻击。若被攻击就可能会威胁到相关文件的安全，主机也有可能遭到修改，那侵入者就很有可能获得系统访问权。

（4）内部人员的攻击也不能通过防火墙进行防止。很多威胁都是来自内部人员，他们对内部网络结构非常熟悉，若他们从内部入侵主机板或者进行一些其他的破坏活动，通信是没有通过防火墙的，因此，防火墙也控制不了。

（5）不断更新的攻击方法防火墙也是阻止不了的。防火墙的安全策略都是在知道攻击方式的情况下所制定的，如果一种全新的攻击方式突击，那么其阻止功能将会大打折扣，可能还会丧失功效，因此，千万不要抱有防火墙能预防一切攻击的想法。

第五节　入侵检测技术

入侵技术已经非常多样了，只要网络之间相互连接后，入侵者就能够通过网络实行远程入侵。正常的访问同入侵相比肯定还是存在着差异的，将这些差异收集起来进行分析，就可以发现这些入侵行为的特点了，而入侵检测技术也是为了满足这种需求所问世的。

一、入侵检测与技术

所谓入侵检测（Intrusion Detection）就是检查有没有入侵行为。主要是从计算机系统与网络的关键点上进行收集信息与分析，从而发现系统或者网络有异样（违背安全策略行为）以及被攻击的痕迹。这种负责检测入侵的软件与硬件的组合我们称为"入侵检测系统"（IDS）。

1980年间，由Anderson最早将入侵概念提出来，他还提出了入侵检测系统的分类有三种方式。后来，Denning针对Anderson的工作展开了研究，将基于异常与误用检测方法的优点与缺点做了详细的探讨，1987年，Denning将一种通用的入侵检测模型提出来了。由于该模型独立于任何一个特殊系统与应用环境，以及系统脆弱性与入侵种类，所以，将一个通用的入侵检测专家系统框架给提供出来了，并且是由IDES的原型系统所实现的。

所谓IDES原型系统是一种混合结构，是由一个异常检测器与专家系统所组成的，如图6-17所示。异常检测器是利用统计技术将异常行为刻画出来，而专家系统则是采用基于规则的方式对已知危害行为进行检测。异常检测器对行为的渐变是自适应的，因此引入专家系统能有效防止逐步改变的入侵行为，可以将准确率提高。这种模型不仅为入侵检测技术的研究工作带来了很好的框架结构，也为后来所发展的模型奠定了扎实的基础，随后几年里，这一系列的系统原型也随之而来，譬如 Discovery、Haystack、MIDS、NADIR、NSM、Wisdom and Sense 等。

一直到 1990 年，入侵检测系统绝大多数都是基于主机的，这些检测系统局限性非常大。1988 年间，Internet 蠕虫事件的发生让人们高度关注计算机的安全问题，随之产生的就是分析式入侵检测系统（DIDS）。它的到了实现了基于主机与网络监视的方法的有机合成，将大型网络环境当中跟踪网络用户与文件，和从发生在不同系统当中的抽象层次事件当中发现相关的数据或事件这两大难题给解决了。

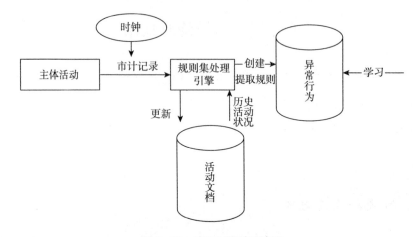

图 6-17　IDES 原型系统图

入侵检测系统的成功与否是需要一定的条件，至少要满足以下这五点要求：

（1）满足实时性要求：若能够及时发现攻击的意图，就可以将攻击者的位置获取，尽可能阻止攻击，同时就可以将系统的损坏控制到最小，将整个被攻击的过程记录下来，可做调查。入侵检测系统的实时性更方便记录信息，也避免了管理员使用系统日志进行审计查找入侵者等线索的时候带来的一系列不便或技术限制。

（2）满足可扩展性的要求：如果入侵检测系统的体系结构和使用策略在一起，那么很难对抗复杂而又多样的攻击手段，因此，必须要设置一种机制，将它们分开。当新的攻击把魔爪伸向入侵检测系统的时候，需要通过一种机制在不改变入侵检测系统本身的状态下，能够让系统检测到新攻击行为。不论是为了对抗新的攻击还是整体的功能设计上面，都必须要设置一种能够扩展的结构，做到防患于未然，随时满足扩展需求。

（3）满足适应性要求：入侵检测系统如果不能适应于多种环境，那么它的局限性将会很大，对于入侵的检测也会很麻烦，所以它必须要适应于各种环境当中，如高速大容量的计算机网络环境。不仅如此，若系统环境产生变化，入侵检测系统也应该可以进行正常运作。同时适应性还包括了入侵检测系统自己对宿主平台的适应性，就是指跨越平台的工作能力、宿主平台软件与硬件配置的不同情况。

（4）满足安全性以及可用性的要求：入侵检测系统要全力保护其宿主计算机系统以及其所属计算机环境，不能够给它们带来新的安全隐患，因此，它需要最大限度地完善。与此同时，在设计入侵检测系统的时候，就应当将可能会产生的、对入侵系统类型和其工作原来相关的攻击威胁考虑进行，并且制定相关防范措施。从而全力保障入侵系统的安全性与可用性。

（5）满足有效性要求：入侵检测系统其有效性一定要落到实处，否则一切都是枉然。不管是攻击事件的误报还是漏报都需要将其控制在一定领域当中。

入侵检测系统识别入侵行为主要是依照入侵行为以及正常访问行为的区别而进行的，按照其识别使用原理的差别，可将其分为三种类型：异常检测、误用检测，以及特征检测。

（一）异常检测

在确定入侵属于异常活动的子集以后就可以进行异常检测（Anomaly Detection）。一般情况下，异常检测系统都是运行在系统或者是应用层的一种监控程序，以此对用户的行为进行监控，然后把当前的个体活动与用户的轮廓做对比。所谓用户轮廓就是指各项行为参数与其阈值的集合，指正常的行为领域。若用户活动与正常行为不相符合，有大幅度偏颇，那就会被断定为入侵。当然，还会存在一定的错报（false positive）即系统错误地将异常活动断定为入侵；我们把系统没有检测到的入侵称为漏报（false negative）。这两个就是权衡入侵检测系统性能的重要指标模型，如图 6–18 所示。

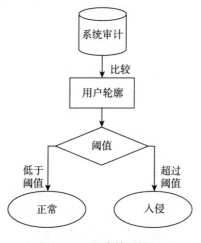

图 6–18 异常检测模型

用户的轮廓与监控的频率是决定异常检测系统效率的重要因素。它并不需要对每一种入侵行为进行定义，所以能够将未知的入侵检测出来。与此同时，系统还可以对用户行为的变化作针对性的优化与调节，但是异常检测也会随检测模型的精准度而耗费掉更多资源。

异常检测方法非常多，如统计异常检测、基于神经网络异常检测、基于特征选择异常检测以及基于机器学习异常检测等等。就当前而言，数据挖掘技术是一种相对比较时兴的一种方法，可以将各项异常间所存在的关联性察觉出来，其中包含了特征关联、时间关联、源 IP 关联以及目的 IP 关联等。

（二）误用检测

若所有入侵行为都可能被检测到特征时就可以采用误用检测（Misuse Detection）。误用检测系统会将特征库提供出来，若被监测的系统或者用户其行为不符合特征库当中的记录时候，这种行为就会被系统当作是入侵。假设异常用户的行为与入侵特征相吻合时，那么系统就会产生错报；假设没有一种特征能够与新的攻击行为相匹配，那系统就会产生漏报，模型如图 6-19 所示。

如果使用特征匹配，那么就可以将误用模式的错报降低，随之增加的即是漏报。攻击特征会产生一些细微的变化，这些变化很难察觉，这使得误用检测无可奈何。

误用检测的常用方式也有很多，如基于专家系统的误用入侵检测、基于条件概率的误用入侵检测以及基于模型的误用入侵检测等等。

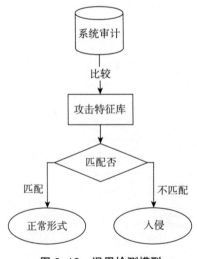

图 6-19　误用检测模型

（三）特征检测

特征检测（Specification-based Detection）主要关注的是系统本身行为，这与前面所说的两种检测方式有所不同。将系统的行为轮廓定义出来，将系统的行为与轮廓做对比，如果该行为未被指明为正常行为，那么即定义为入侵。特征检测系统一般都是使用某种特征语言将系统安全策略定义出来。该检测方法的行为特征定义其准确度能够影响错报，发生漏报的情况一般是因为系统特征没有将所有状态都包含进去。

特征检测可以大范围地将错报与漏报率降低，因为它最大的优势就是能够将行为特征定义的准确率的范围给提高，同时，它也存在很大的不足，即需要严格定义其安全策略，这就意味着需要足够的经验与技巧，而且维护动态系统的特征库也是一件非常浪费时间的事情。

以上这些检测都不是百分之百完美，因此，在实际的入侵检测系统当中，很多人都会使用两种或以上方式进行。

二、入侵检测分类

按照入侵检测系统检测对象的差异能够将其分为两类，即基于主机的入侵检测系统与基于网络的入侵检测系统。

（一）基于主机的入侵检测系统

所谓基于主机就是在主机入侵检测系统的基础上对主机的审计记录检测入侵进行监视以及分析。需要注意的是，该系统的实现并非都在目标主机上面，有的会使用独立的外围处理机，譬如，Haystack。同时，NIDES 还会采用网络把主机的信息转送到中央处理单元当中去，而它们进行的审计记录工作都在按照目标系统而执行的。这些系统的难点也不少，其中是否能够及时将审计记录采集出来就是其一，有的入侵者把主机审计子系统看作是攻击的目标，从而将入侵检测系统避开。

检测效率高、分析的速度快以及代价小是基于主机的入侵检测系统的特征，除此之外，还可以快速、准确地找到入侵者的定位，然后再运用操作系统与应用程序的行为特征给入侵行为做详细分析。当前而言，基于主机日志分析的入侵检测系统不少。除了相应的优点之外，该入侵检测系统还存在着以下这些不足：第一，依赖于系统的可靠性，它不仅要求系统本身具有基本的安全功能，其设置还要合理，方可对入侵信息进行提取；第二，对于那些熟悉操作系统的攻击者来说，就算是设置合理也没有什么用，攻击者还是可以在完成入侵后将系统日志销毁，如此一来，便神不知鬼不觉了；第三，并不是所有的入侵手段都会反映在系统日志当中，因为主机日志所提供的信息非常有限，对于某些入侵行为系统日志并不能做出正确响应。基于主机日志的入侵检测系统其数据提取的充裕性、实时性以及可靠性比不过基于网络的入侵检测系统。

（二）基于网络的入侵检测系统

所谓基于网络的入侵系统就是通过在共享的网段上对通信数据的数据进行测听与采集，从而将具有嫌疑的现象进行分析。该类系统与主机系统相比，对于入侵者来说这类系统是透明的。而且对于主机资源的消耗也比较少，因为不需要主机提供严格的审计，除此之外，其网络协议也是非常标准的，能够为网络通用带来一定的保护，故而也不必担心异构主机的架构不同。基于网关的检测系统可谓是该类系统的变异。

基于网络的入侵检测系统不仅能够将网络的攻击检测出来，还可以将超过授权时间的非法访问检测出来。网络入侵检测系统不用将服务器等主机配置进行更改。因为该入侵检测系统不会在业务系统主机上面另外再安装一些软件，所以这些机器的 CPU、I/O 以及磁盘等多种资源其使用都不会受到影响，而且业务系统的性能也不会受到什么影响。它与路由器以及防火墙等关键性的设备的工作方式不一样，故而也不成为系统当中的关键途径，就算是有故障发生也可以进行正常业务运行。

网络入侵检测系统具有一定的局限性，仅可以检测与它有直接连接的网段通信，而那么不同网段的网络包是检测不到的。如果将网络入侵检测系统的传感器安装得多就会使成本增加，造成一定压力。与此同时，该系统为了性能目标经常会使用特征检测的方式，能够将普通的攻击检测出来，想要检测出复杂以及大量计算与分析时间的攻击是难以实现的。

网络入侵检测系统有可能会把大数量的数据传送到分析的系统当中去。若在某些系统当中对特定的数据包进行监听，那么就会有大量的分析数据流量所产生。有的系统在实现的时候为了将回传的数据量减少会使用一些特定的途径，由传感器实现对入侵判断的决策，而且中央控制台则不再是入侵行为的分析器而是会变成通信中心和状态显示。这种系统当中的传感器其协同工作能力相对比较弱。

入侵检测系统根据控制的方式可以分为两大类，如下：

（1）集中式控制：系统当中的全部入侵检测要素由一个中央节点进行控制。若进行集中式控制，就需要系统组件间将保护消息的机制提供出来，并可以灵敏便捷地将组件开启以及终止，不仅能够将这些信息进行集中控制，还能够以一种可读的途径将这些信息传送给最终用户。

（2）同网络管理工具相结合：把入侵检测看作一个网络管理的子功能。而网管软件包所采集的系统信息流则能够作为一种入侵检测的信息源，由此可见，就能够把这两个功能都集成到一块，方便用户进行使用。

入侵检测系统能够按照其系统工作的方式分成离线（Off-line）与在线（On-line）这两种检测系统。所谓离线系统就是指事后进行分析的系统，可以利用自动化与集中化将成本节约，还可以利用其对大量历史事件进行分析。而在线系统则是一种实时的联机检测系统，这种系统对于入侵行为能够作为快速响应。保障检测的实时性是当前这个大领域网络环境当中的研究热点。

三、入侵检测数学模型

入侵检测数学模型的成立不管是对于入侵检测还是描述入侵问题而言都更为精准。Dennying 对于入侵检测提出了五种统计模型。如下：

1. 实验模型

所谓实验模型（Operational Model）就是基于这样一种假设：假设变量 x 出现次数比某一个预定的值还要多，那么出现异常状况的可能性就比较高。该模型在入侵活动与随机变量相关方面使用最适宜，譬如，口令失效的次数等。

2. 平均值与标准差模型

所谓平均值与标准差模型（Mean and Standard Deviation Model）就是按照已经观测到的随机变量 x 的样值 Xi（i=1，2，...，n）以及计算出这些样值的平均值 mean 与标准值方差 stddev，假设新的取样值 Xn+1 不在可信区间 [mem-dxstddev，m+dxstddev] 当中的时候，就表示有异常情况，其中 d 就是指标准偏移值 mean 的参数。该模型在事件计算器、资源计算器以及间隔计时器这三种类型的随机变量处理当中比较适宜。这类模型的优势就是不需要为了设定限制值而去了解正常活动的相关知识。反之，可以在观测当中学习并获得相关知识，在可信区间所产生的改变将知识的增长过程给反映出来了。除此之外，可信区间还会依赖于观测到的数据，如此一来，相对于用户正常活动定义不同其差异也可能会比较大。这类模型再加上权重的计算，若最近的取样的值权重比较大，那么系统状态的反映将会更准确。

3. 多变量模型

所谓多变量模型（Multivariate Model）就是基于两个或以上随机变量的相关性计算，这类模型比较适应于依据多个随机变量的综合结果来识别入侵行为，变量并非是单个的。譬如，一个程序采用 CPU 时间与 I/O、通信会话时间等诸多变量来进行入侵行为的检测。

4. 马尔代夫过程模型

所谓马尔代夫过程模型（Markov Process Model）就是把离散的事件，即审计记录看作是一个状态的变量，然后用状态迁移矩阵刻画状态间的迁移频度。假设对一个新事件进行观察，依据先前状态和迁移检测矩阵得到新事件出现的频率比较低，那么就表示有异常现象发生。这种模式适用于通过寻找某些命令间的转移将入侵行为检测出来。

5. 时序模型

我们把通过间隔计时器与资源计数器这两种类型的随机变量来对入侵行为进行描述的方式称为时序模型（Time Series Model）。按照 x1，x2，...，xn 间的间隔时间与值来对入侵进行判断，假设某一个时间段 x 的出现率很低，那就表示有异常情况发生。该模型的计算开支比较大，但是便于描述行为随着时间变化的走向。

四、入侵检测的特征分析和协议分析

（一）特征分析

一定要具有一个强大的入侵特征库才可以对入侵行为进行有效检测。本小节就是介绍入侵特征概念、种类，以及怎样创建特征，并将如何创建满足实际需要的特征数据模板列举出来。

IDS 当中的特征（Sibuature）就是指用来对攻击行为进行识别的数据模板，主要还是随系统而异。IDS 系统的不同其特征功能也存在着差异性。如，有的网络 IDS 系统当中存在的特征数据只有一些少量地定制存在的特征数据或者是编写所需要的，而有的就准许一些广阔的范围内定制或编写的特征数据，还可以是任意一个特征。有的 IDS 系统可以将任何信息包的任何位置的数据都获取到，而有的则只能够检查出确定的报头。以下就是入侵识别的典型方法：

（1）保留 IP 地址意图连接：可以检查 IP 报头的来源地址来进行识别。

（2）一些持有非法 TCP 标志的数据包：可以参照 TCP 协议状态转换来进行识别。

（3）带有病毒信息的邮件：对邮件的主题信息做比较，或者是搜索特定附件进行识别。

D.DNS 缓冲区溢出企图：能够利用对 DNS 域的解析或者是对每个域的长度进行检查的方法识别。

（4）针对 POP3 服务器的 DOS 进行攻击：对某一个命令的使用频率进行跟踪记录，再与设定的阈值做对比从而发出报警的信息。

（5）攻击 FTP 服务器文件的访问：建立具有状态跟踪的特征模板来对登录成功的 RP 对话进行监视，及时发现非法入侵的企图。

综上所述，特征覆盖的领域非常宽广，既有简单的报头与数值，又有复杂的连接状态跟踪以及扩展的协议分析。

报头值是特征数据的首选，因为它可以将异常报头信息清晰地识别出来，而且结构不复杂。可以将异常的报头值的来源分为如下这几种：

（1）绝大多数的操作系统与应用软件的编写都是在严格遵守 RFC 的状态下所进行的，并没有包含针对异常数据错误处理的程序，因此大多包含报头值的漏洞利用很有可能会有意违背 RFC 的标准定义。

（2）违反 RFC 定义的报头值数据还有可能是由于包含了错误代码的软件所造成的。

（3）那些与 RFC 间存在不协调的操作系统以及应用程序就不会完全遵照 RFC 定义。

（4）协议不可能是一成不变的，会随时间的流逝而增加新的，而现有的 RFC 当中则很有可能并不涵盖那些新的协议。

除此之外，那些合法却又可疑的报头值也需要引起注意。譬如，若检测到存在于端口 27374 或者是 31337 的连接，初步判断可能存在特洛伊木马活动，当然不能马上下定论，还需要对其进行更细一步的分析，才能够确定。

如何更好地理解怎样发现基于报头值的特殊数据报？对此利用一个案例的过程来进行更好的描述。

"Synscan"是现阶段用于扫描与探测系统的较为时兴的工具，它的实施过程非常有典型性，而且所发出的信号包的特征各式各样，如源端口 21、目标端口 21，以及不同的源 IP，服务类型 0，IP ID39426，不同的序列号集合，TCP 窗口尺寸 1028

等等。为了找寻最适宜的特征数据，需要对以上这些特征做必要的挑选。特征数据的具体候选对象如下：

（1）标志集的数据包如果只具有 SYN 与 FIN，那么这就属于一种恶意的行为。

（2）在没有对 ACK 标志进行设置的情况下，还具有不同确认号的数据包，这是不正常的现象，因为正常情况下是 0。

（3）当源端口与目标端口的数据包都设置成 21 时，通常和 FTP 服务器之间进行关联。

（4）TCP 窗口尺寸为 1028，IPID 在所有的数据报中为 39426。依照 IP RFC 的定义来看，若这两类数值没有发生变化就是可疑的。

在以上这四个候选对象当中，既可以选择单独的一个来作为基于报头特征数据，同时也能够选择多个进行组合。选择一个的话具有一定的局限性，若都选择作为特征的话又不太现实，虽说对于提供攻击行为信息而言会更加准确，但是在效率上则会大打折扣。最理想的就是使特征定义能够处于精准度与效率的折中之间。一般而言，简单特征的误报率比复杂特征要多，因为简单特征相对而言会比较普及；同时，复杂特征的漏报率就要比简单得多，因为复杂相对而言会比较全面，容易造成遗漏，某一个攻击的特征不会是一成不变的，因此，还得根据实际情况而抉择。就好比我们想要得知攻击的工具是什么东西，那肯定不仅仅需要知道 SYN 与 FIN 标志，还有一些其他属性我们都需要弄清楚。虽说源端口与目的端口比较可疑，但是它的运用范围特别广，很多工具都会用得到它，并且在正常通信当中也会出现这种现象，故而作为特征是不可取的。还有一些虽然可疑，但还是会发生的，例如，TCP 窗口尺寸 1028，以及 IP ID 为 39426。如果 ACK 标志的 ACK 数值没有，那么就属于非法行为，将它作为特征数据比较适合。

下面就建立一个特征，用来寻找与确定 Synscan 所发出的每一个 TCP 信息包的以下属性：

A. 只设置了 SYN 和 FIN 标志；

B. IP 鉴定号码为 39426；

C. TCP 窗口尺寸为 10284。

A 项目太过普遍，A 与 C 项目联合在一起出现在同一个数据包当中的现象很少，所以要想定义出详细的特征，就只有将 A、B、C 这三个项目都组合在一起了。而其他的 Syanscan 属性不会将精准度提高，只可能将资源耗费增加。到这一步，就将特征建立完成了。

一些普通 Synscan 软件的探测使用以上建立的特征即可，还是不能保证 Synscan 不会出现多个变种的现象发生。一旦发生变种，以上所创建的特征就难以适应了，此时，就需要将特殊特征与通用特征两种结合起来。第一步，看 Synscan 变种后发出的数据信息特征是什么。

（1）如果只有 SYN 标志被设置了，那么该 TCP 数据包特征就是正常的。

（2）若 TCP 窗口尺寸不是 1028 而是 40.正常的数值是 1028，而 40 是最开始 SYN 信息包当中比较少见的小窗口尺寸。

（3）而端口的数值不是 21 而是 53。

上面这三种特征和普通 Synscan 所产生的数据相似点非常多，所以首先判断它是由不同版本的 Synscan 所产生的，又或者是基于 Synscan 代码的其他工具。显而易见的是，前面所定义的特征并不能识别出该变种。这个时候，就可以将普通异常行为的通用特征与专用特征结合起来进行检测。通用特征的建立如下所示：

（1）虽然确认标志没有设置，但是能够确定数值是非 0 的 TCP 数据包；

（2）初始的 TCP 窗口尺寸比一定数值的 TCP 数据包要小；

（3）只对 SYN 与 FIN 标志的 TCP 数据包进行了设置。

如果采用上面这几种通用特征，就可以有效地识别出上面所提及的两种异常数据包。如果探测结果要求更加精准，那么就可以基于以上通用特征上面再增加一些个性数据。

从以上所探讨的实例当中，我们能够看到可用于建立 IDS 特征的各种报头信息。可能用于生成报头相关特征的元素有如下这几种：

（1）IP 地址：将 IP 地址、广播地址以及非路由地址保留起来；

（2）端口号：尤其是木马端口号；

（3）异常信息包片段：特殊 TCP 标志组合值；

（3）还有非通常出现的代码或者 ICMP。

清楚怎么使用基于报头的特征数据之后，检测何种信息包是下一步所要确定的。依据实际要求来确定其标准。由于 ICMP 与 UDP 信息包是没有状态的，因此不出意外的话它们每一个包都需要进行检查。TCP 信息包不同，它是处于一个连接状态当中，所以有时候可以只对连接当中的第一个信息包进行检查即可。而其他特征，譬如 TCP 标志就会在对话过程的不同数据包中特征也会不同，要对每一个数据包进行检查才能够查找出一些特殊的标志组合值。如果检查的数量多，那么资源与时间的消耗也会更多。

值得注意的是，关注 DNS 报头信息不如关注 TCP、ICMP 或者是 UDP 报头信息便捷。这主要是因为后面三者的报头信息与载荷信息都是位于 IP 数据包当中的载荷部分，譬如，如果需要将 TCP 报头数值获取出来，那么第一步就是要对 IP 报头进行解析，才能够将这个载荷所采用的 TCP 给判断出来。如果要想将 DNS 信息获取出来，就需要深入才能将其真实面目看清楚，而且简单的编程代码是无法将该类协议给解析出来的，必须要使用更多复杂的代码。同时，该解析操作也属于将不同协议进行区分的关键步骤，对 ADS 系统好坏的评价也体现出了是否对更多协议进行更好更有效的分析。

（二）协议分析

上述是以关注 IP、TCP、ICMP 以及 UDP 报头当中的值看作是入侵检测的特征。现在就怎样通过检查 TCP 与 UDP 包中的内容（其他协议也包含其中）提取特征这一问题作详细阐述。第一步，我们一定要清楚协议是否创建在 TCP 或者 UDP 包的载荷中，同时还都要在 IP 协议之上。首选对 IP 头进行解码，看负载有没有涵盖 TCP、UDP 或者一些其他的协议。假设负载是 TCP 协议，则需要得到 TCP 负载前通过 UDP 负载对 TCP 报头的信息进行处理。

入侵监测系统一般会关注 IP、ICMP，以及 TCP 与 UDP 特征，因此它们可以将部分或者全部协议的头部都解码。但是，能够进行协议分析的入侵监测系统必须是更高级的。这一些系统的探针可以对全部协议进行解码，譬如 SMTP 与 DNS 以及 HTTP，还有更多广泛应用的协议，而解码众多协议具有一定的复杂性，因此对于协议分析的 IDS 功能则需要更加先进，如果只是简单查找必然是不可取的。由于执行内容查找的探针只是一种简单的查找，并非真正得知它所检查的协议是什么，因此，只能用它来识别一些比较简单特征或显而易见的非法行为。

从协议分析中表明，入侵监测系统的探针可以真正掌握各层协议工作的程序，并能够将协议当中的通信情况分析出来，从而查找出异常的行为。对于每一个协议而言，其分析不仅是基于协议标准之上（如 RFC），还建立在一定的实际情况中。很多协议标准与事实并不相吻合，因此特征需要将现实状况反映出来。协议分析技术的观察包含了协议的一切通信，并且还要对其验证，若有与预期规则序列不相匹配的则报警。在协议分析下，网络入侵监测系统的探针已经能够将已知以及未知的攻击途径给检测出来。

五、入侵检测响应机制

完整的入侵检测有三个阶段，即准备、检测以及响应阶段。所谓响应就是给入侵检测到的结果做出相应措施，若没有这一步那么整个入侵检测将失去意义。一般来说，安全策略与支持的过程是在准备阶段所制定的，其中包括了如何进行组织管理与保护网络的资源，还有及时对入侵做出相关措施响应等等。

设计入侵检测系统响应的特征时，考虑到的因素非常多。设计的思路要根据现实情况而定，有的响应在设计上要与通用的安全管理相吻合，而有的则需要将本地管理的重点策略反映出来。由此可见，完善的入侵检测系统就需要用户学会裁剪制定并响应机制与特定的环境相匹配的方案。

设计响应机制的时候，必须要将以下因素进行综合考虑。

（1）系统用户：可以把入侵检测系统用户分为三大类，即安全调查员与网络安全专家/管理员，以及系统管理员。该三类人员对于系统的使用目的以及方法和熟悉程度都不一样，因此需要进行区别对待。

（2）操作运行环境：入侵检测系统信息形式的提供主要依赖于其运行环境。

（3）系统目标：不仅要为用户提供相关的数据与业务系统，还有部分需要提供主动响应机制。

（4）规则/法令的需求：在一些特殊的环境中，如军事环境下，则准许使用主动防御措施或者是攻击技术来对抗入侵行为。

消耗最低、最方便的响应形式就是自动响应，这种事故的处理形式被广泛实施。如果要确保其安全性，就需要在使用时理智小心地执行。但是其中还存在了两个问题：第一个，入侵检测系统会有报警乌龙事件发生，那么就很有可能对从未攻击过系统做出错误响应。第二个，利用攻击会使系统产生自动响应这一点来对系统进行攻击。设想一下，它有可能会与 2 个带有自动响应入侵检测系统的网络节点组建一个 echo-chargen 等效的反馈环，然后对那 2 个节点进行地址欺骗的攻击。

一般而言，基于网络的入侵检测系统是一种被动形式，仅仅是分析比特流，并不能够针对入侵做出相关响应（RESETs 与 SYNIACK 很显然是例外的）。对于大多数的商业实现中来看，都是把入侵检测系统同路由器或者是防火墙组合在一起，并利用这些设备将响应单元的功能完成。

常见的自动响应形式如下所示：

1. 压制调速

压制调速主要适用于 SYN Flood 与端口扫描的攻击技术当中。运作方式主要是在检测到 SYN Flood 或端口扫描行为的时候开始将延时增加，若该行为没有停止，那么延时将持续增加。能够将几种由脚本程序驱动的扫描给击败，譬如，对于 0~255 广播地址 ping 映射，因为想要将 UNIX 和非 UNXI 系统的目标区分开来的话就只能依靠计时。在防火墙当中也经常会用到这种方式，主要是作为响应的引擎，但是这种使用方法还存在着很多争议。

2. SYNIACK 响应

设想一下，如果入侵检测系统已经知道某一个网络节点是用过滤路由器或者是防火墙对某一些端口进行的防守，那么当入侵检测系统将这些端口所发送的 TCP SYN 包检测出来以后，就可以用一个虚构的 SYN IACK 来进行回答。如此一来，攻击者就误以为找到了很多潜在目标，但是实际上他们所找到的都是误报警。入侵检测在最新一代的扫描工具的欺骗功能当中引来了许多麻烦，最好的回击方式就是采样 SYNIACK 响应。

3. RESETs

针对该技术需要保持慎重的态度。使用 RESETs 很有可能会将与其他人的 TCP 连接断开。该技术所响应的思想就是一旦发现一个 TCP 连接被建立起来，若它所连接的正是你需要保护的东西，那么就虚构一个 RESET，然后将其发送给发起连接的主机，使原本的连接断开。这种功能虽然在商用入侵检测系统当中可能采用，但还是不常用。而且攻击者发现之后会及时将他们的 TGP 程序修补好，使其对 RESET 信息进行忽略。还可以将 RESET 发送给内部。

第六节　大数据信息安全

一、大数据背景下的网络安全

时代发展的脚步一直在向前行走，大数据技术也紧跟其后并遍布了世界各个角落。大数据时代下随之而来的就是计算机网络信息安全，现如今差不多每一个人的生活与工作都离不开计算机，计算机安全所牵扯到的领域非常非常广，设想一下，一旦计算机发生重大安全事故，那会有多少人受害，后果将不堪设想。在这个计算机安全危机四伏的情况下，想要将网络信息安全的保护系统提升得越来越高就需要善于利用多元化的信息技术，给网络安全这座城墙外建筑一层保护墙。就目前而言，大数据盛行的时代，能够对网络信息安全带来影响的因素有如下几个方面：

（一）自然灾害

所谓自然灾害就是指大自然当中由于环境、地质等等各种因素所产生的灾难，譬如，台风、水灾等等，一旦发生自然灾害，那么计算机的硬件就很容易受其影响与破坏。计算机硬件设备在面对自然灾害的时候抵抗能力不足以对抗，要是计算机的硬件遭到破坏，那么网络安全就很难保障了。

（二）网络的开放性

有人说，网络像空气，围绕在我们生活当中的每一处；网络像太阳，能给迷茫的我们带来光明；网络像朋友，永远向我们张开怀抱。现如今，无论是在我们的生活中、还是工作中，甚至是娱乐休闲的时候也有计算机网络的伴随，它环绕在我们生活的每一处。在我们离不开网络的同时，它的开放性也是越来越大，而这也给网络信息安全带来了比较高的风险性。设想一下，若计算机互联网所采用的 IP 协议安全性不够高，那么侵入者就很容易对其进行破坏与攻击，导致计算机无法进行正常运行，可能连我们存留在计算机当中所有的信息数据都会受到威胁。

（三）操作失误

在我们的生活当中，为了将计算机性能极力发挥出来，将用户的主观性表现出来，导致给计算机网络带来了极大的威胁。在实际操作过程当中，绝大多数的用户都不是真正了解计算机性能，对于网络安全的意识也不够，再加上操作水平低，不懂得如何进行设置保护密码等等因素，稍有差池的操作都会给计算机网络信息安全带来潜在威胁。

（四）黑客入侵

所谓黑客入侵就是指计算机遭到了恶意攻击，发生这种事情的概论非常高，一般来说可以将黑客攻击分为以下这两类：其一，指定性地对某人电脑进行攻击破坏，像这种攻击就是带着目的性的，对他所指定的那台计算机进行蹂躏式攻击，直至该计算机的数据被毁；其二就是被动式地攻击他人电脑，该攻击的危害没有第一种大，对于计算机的正常运作还是没有特别大的影响。但是，不管是哪一类型的攻击，都是一种破坏性的行动，对数据与网络安全来说都有消极影响。黑客攻击造成严重后果的案例不少，严重的攻击可能会导致整个网络系统死机，甚至是瘫痪，这实实在在地影响了人们的正常生活与工作。

（五）计算机被病毒入侵

计算机本来就具有强大的开放性，如果一台计算机感染了病毒，那么很有可能会将病毒传送到其他计算机当中，造成多台计算机中毒。很多病毒的破坏性非常强大，而且还具有一定的隐秘性与传播性的特征，所以，计算机被病毒入侵可能会带来不可估量的后果，当病毒爆发，不仅该计算机受到破坏，还会牵连到整个互联网的安全运行。像一些硬盘与网络共享都是传播病毒的方式，通过这些方式将病毒散入众多计算机当中，从而导致网络安全遭到巨大的打击。就好像 2006 年所发生的一起网络病毒事件"熊猫烧香"，仅在一瞬间就有上千万台的计算机瘫痪，这给网络安全带来了一大重击。因此，不要小看计算机病毒，它很有可能吞噬你的计算机，给网络安全带来极大的消极影响，尤其是在这个开放性的网络当中，一定要特别注意。

（六）垃圾信息

电子邮件属于人们在日常生活中常用的一种通信工具，它既可以给人们的生活与工作上带来便捷的服务，又是产生并传播垃圾信息的好地方。那些垃圾邮件往往都拥有强制性的特征，垃圾邮件与病毒不同，前者不会对计算机系统造成多大的影响，但是当它潜伏的时间较长，就会窃取用户信息，导致信息丢失等等现象发生。由此可见，垃圾信息也不容小觑，因为它也是影响计算机网络安全的罪魁祸首之一。

二、大数据时代网络信息安全防范策略

（一）建立健全的法律法规

互联网不存在国界之分，其资源也是全球所共享的，无论是哪一个国家的政府机构都属于管理互联网的领头人，他们有责任有义务维护互联网的形成与发展，并

全力保障其安全性，为此，需要制定一些相关的法律法规。很多发达国家互联网安全的管理法规已经相当成熟完善了，譬如法国、英国等，这些发达国家在法律当中不仅规范，还将每一个细节落到实处，明确指出监测的方法与内容等等。而且事实证明这些国家的互联网安全管理也确实做得非常好。由此可见，一个国家需要建立健全的互联网信息安全管理法律，才能够全力保障本国互联网信息安全健康的发展。在这方面我国早已开始实施起来，为了全面保障与完善互联网发展，我国制定的《网络安全法》已经在实施当中了。需要注意的是，并不是说将相关法律法规颁布出来就万事大吉了，互联网的发展蒸蒸日上，早已今非昔比了，不仅需要将相关的法律进行完善，还要确保法律所规定的条例具有一定的前瞻性，俗话说，不怕一万，就怕万一，做就要做得有备无患，莫到事情已经发生了才开始亡羊补牢。因此，要尽可能地将网络信息安全的潜在威胁降至最低。

（二）成立专门相关机构

为了能够及时处理各种五花八门的网络安全事故，绝大多数的国家都组建了国家计算机安全应急响应组织，成立了非常多的专门机构。所谓专门机构就是指一心一意为了这件事，能够让人员集中心思去处理这一件事，这种机构不仅在很大程度上保护了计算机免受外界各种不良因素的入侵，还可以对互联网当中的可疑情况进行分析与检测，这种机构做到了未雨绸缪，在犯罪分子产生预谋、准备行动的时候将他们的行为给掐灭。就我国当前的状况而言，依然处于多头管理的局面当中，若想保证我国的互联网信息在健康安全的环境下发展，就要立即将专门网络管理机构给成立起来。

（三）研发与应用新技术

互联网发展的脚步已经越来越快了，其安全技术反而限制了它的发展，因此，需要将其安全计算进行不断更新升级，只有足够强大的安全技术与措施才可以做互联网的后盾。譬如，美国与荷兰的互联网发展已经名列世界前茅了，该国家对于互联网信息安全管理技术的开发与研究上极其重视，为了及时观察到犯罪分子的行为举止，已经将新的侦查与监视系统给研发出来了，不仅能够在最快的时间内察觉到犯罪行为，还可以对其进行跟踪追查，从而找寻最快的解决方案。又比如中国，为了有效解决互联网当中的加密传送问题，发明了量子通信技术，该技术不仅将依赖国外技术来保证网络信息安全的弊端给打消掉了，还实现了真正的技术独立。这些新技术的开发与运用不但将传统的技术进行了完善与升级，而且还能够使得网络系统的抵御能力与恢复能力逐渐增加，从而有效地抵制了不良的网络信息。

（四）信息网络实时监控技术

近年来，信息网络实时的监控技术越发成熟与完善，而且使用的范围也越来越广。使用该技术主要是为了避免一些攻击者使用非法手段对信息与数据进行破坏、窃取等等恶意行为。信息网络实时监控技术的核心就是签名分析法，不仅有很强的适应能力，还有专门的针对性，对于不同种类的入侵其防控效果非常好。但是，很多东西不是靠技术就能够实现的，用户的配合也非常重要，如果用户自己毫无安全意识，也不重视安全性，那么就算是再好的技术也避免不了入侵，用户不仅要注重个人账户的安全性，还要基于做好内部管理的工作上，及时对管理网络银行账户进行优化管理，以此将账户的安全等级提高。

我们的社会一直在不断向前发展，大数据时代的发展是不可避免的，随着信息技术的突破，必然会掀起一次极为重要的变革。

参考文献

[1] 沈鑫剡，俞海英，伍红兵，等.网络安全 [M].北京：清华大学出版社，2017.

[2] 黄林国.计算机网络安全技术项目化教程 [M].北京：清华大学出版社，2012.

[3] 丛书编委会.网络信息安全项目教程 [M].北京：电子工业出版社，2010.

[4] 杨文虎.网络安全技术与实训 [M].北京：人民邮电出版社，2014.

[5] 王小萌，马晓玲.信息安全 [M].上海：华东师范大学出版社，2016

[6] 邱仲潘，洪镇宇.网络安全 [M].北京：清华大学出版社，2016.

[7] 章瑞.云计算 [M].重庆：重庆大学出版社，2020

[8] 阙喜戎，孙锐，龚向阳，等.信息安全原理及应用 [M].北京：清华大学出版社，2003.

[9] 冯昊.计算机网络安全 [M].北京：清华大学出版社，2011.

[10] 武春岭.信息安全技术与实施 [M].北京：电子工业出版社，2010.

[11] 王敏.网络攻击与防御 [M].陕西：西安电子科技大学，2017.

[12] 杨吉.互联网 [M].北京：清华大学出版社，2016.

[13] 王颖.网络与信息安全基础 [M].北京：电子工业出版社，2019

[14] 张殿明.计算机网络安全 [M].北京：清华大学出版社，2010.

[15] 尹少平.网络安全基础教程与实训 [M].北京：北京大学出版社，2010.

[16] 蒋罗生.网络安全案例教程 [M].北京：中国电力出版社，2010.

[17] 张蒲生.网络安全应用技术 [M].北京：电子工业出版社，2010.

[18] 刘永华，张秀洁，孙艳娟.计算机网络信息安全 [M].北京：清华大学出版社，2018.

[19] 吴献文.计算机网络安全应用教程（项目式）[M].北京：人民邮电出版社，2010.

[20] 范荣真.计算机网络安全技术 [M].北京：清华大学出版社，2010.

[21] 安葳鹏，汤永利，刘琨，等.网络与信息安全 [M].北京：清华大学出版社，2020.

[22] 迟俊鸿.网络信息安全管理项目教程 [M].北京：电子工业出版社，2020.

[23] 张同光.信息安全技术实用教程 [M].北京：电子工业出版社，2011.

[24] 谭方勇.网络安全技术实用教程 [M].北京：中同电力出版社，2011.

[25] 陈立新.计算机病毒防治百事通 [M].北京：清华大学出版社，2000.

[26] 鲁立. 计算机网络安全 [M]. 北京：机械工业出版社，2011.

[27] 钟乐海. 网络安全技术 [M]. 北京：电子工业出版社，2011.

[28] 潘霄，葛维春，全成浩，等. 网络信息安全工程技术与应用分析 [M]. 北京：清华大学出版社，2016.

[29] 张玉清. 网络攻击与防御技术实验教程 [M]. 北京：清华大学出版社，2010.

[30] 洪家军，陈俊杰. 计算机网络与通信 [M]. 北京：清华大学出版社，2018.

[31] 曾凡平. 网络信息安全 [M]. 北京：机械工业出版社，2015.

[32] 黄林国，林仙土，陈波，等. 网络信息安全基础 [M]. 北京：清华大学出版社，2018.